应用型人才培养系列教材

Vue.js 前端开发技术与实践

（第二版）

主　编　李新荣　甘杜芬

副主编　王智博　黄　静　潘瑞远

　　　　黄晓玲　乔丽莎

西安电子科技大学出版社

内 容 简 介

本书深入浅出地介绍了 Vue.js 框架的各个方面，包含开发环境的搭建、ES6 基础知识、Vue.js 及其生态系统、Vue 项目工程化开发及前后端数据交互技术等 Vue 项目开发技术及应用。

本书将理论与实践有机结合，对每个知识点都通过丰富的实际应用案例进行讲解，旨在帮助读者更好地理解和应用所学的知识。此外，本书还注重挖掘思政元素，培养读者的思考力、责任感和实际运用能力。

本书不仅可作为本科院校及培训学校计算机及相关专业的理论和实验实训教材，也可作为 Web 前端开发人员的参考用书。

图书在版编目（CIP）数据

Vue.js 前端开发技术与实践 / 李新荣，甘杜芬主编. 2 版. --

西安：西安电子科技大学出版社，2024.9. --ISBN 978-7-5606-7424-7

Ⅰ. TP392.092.2

中国国家版本馆 CIP 数据核字第 2024DG7695 号

策　　划　陈　婷
责任编辑　陈　婷
出版发行　西安电子科技大学出版社(西安市太白南路 2 号)
电　　话　(029)88202421　88201467　　邮　　编　710071
网　　址　www.xduph.com　　　　　　　电子邮箱　xdupfxb001@163.com
经　　销　新华书店
印刷单位　广东虎彩云印刷有限公司
版　　次　2024 年 9 月第 2 版　　2024 年 9 月第 1 次印刷
开　　本　787 毫米×1092 毫米　　1/16　印张 17
字　　数　400 千字
定　　价　45.00 元
ISBN 978-7-5606-7424-7
XDUP 7725002-1

前　言

PREFACE

在这个数字化时代，前端技术的迅速发展给我们带来了前所未有的机遇和挑战。Vue.js 作为一款现代化、高效、灵活的 JavaScript 框架，以其简洁灵活的语法、高效的性能和丰富的生态系统，受到了越来越多开发者的青睐，已经成为众多开发者心中的首选。本书是专为初学者编写的 Vue.js 教材，也可供有一定经验的开发者参考使用。

本书主要特点如下。

1. 内容新颖、系统性强

(1) 介绍 Vue 开发环境及 ES6 基础知识。本书介绍了 Vue 开发工具 VS Code 编辑器以及 Vue 调试工具 Vue Devtools 工具的使用；同时还重点介绍了 Vue 项目开发所需的 ES6 基础知识，包括变量、常量声明、变量的解构赋值、rest 参数、扩展运算符、箭头函数和模板字符串、Promise 和 async/await 异步编程，以及 ES6 模块化规范和模块的导出导入方式等内容，以期帮助读者熟悉 ES6 语法，为后续的 Vue 项目开发奠定坚实的技术基础。

(2) 介绍 Vue3.js 及其生态系统。本书以全新的 Vue3.js 版本为核心，介绍了 Vue.js 从基础搭建到高级应用的全部内容。本书不仅深入探讨了 Vue 框架的核心概念和语法 (包括 Vue 实现数据驱动的原理和方法、Vue 指令、Vue 组件通信等)，还介绍了 Vue 的生态 (包括 Vue Router、Pinia 状态管理以及第三方框架 Element Plus 和 Vant 的应用)。本书通过对整个 Vue 生态系统的系统解读，帮助读者全面了解 Vue.js 的强大之处，并能够灵活运用于实际项目中。

(3) 介绍 Vue 项目开发相关技术。本书全面介绍了 Vue 项目开发相关技术，包括前端工程化概述和前后端数据交互技术两个重要主题。在前端工程化概述中，探讨了前端项目的构建和管理，为读者提供了全面的视角和理解。这部分内容涵盖了 Node.js 基础，特别是 Node.js 的模块化开发规范、包管理以及模块加载规则，能够为读者打下坚实的技术基础。在前后端数据交互技术介绍中，包括前后端交互相关基础概念、API 接口文档以及 JSON Server 服务器的搭建与应用，同时还重点介绍了接口调用技术，其中包括 Axios 作为前端项目中最常用的 HTTP 请求库的基本介绍及用法、常用请求方法、响应结果处理、全局默认值配置、配置对象 config、拦截器以及在工程化项目中如何使用 Axios 进行前后端数据交互等方面的内容。

通过以上这些内容，读者将能够深入理解 Vue 项目开发中涉及的关键技术，掌握前端工程化和前后端数据交互的实际操作技巧，为构建高质量的 Vue 应用奠定坚实的基础。

2. 理论与实践有机结合

本书特别注重实践与理论的结合，书中案例丰富，实践操作性强，常以实际应用案例来讲述各知识点，旨在帮助读者更好地理解和应用这些知识点。很多章的章末配有综合案例，最后一章讲述了如何利用 Vue 开发综合性的实践项目。

3. 融入了思政元素

本书不仅关注技术层面，同时注重挖掘内容中蕴含的思政元素，将思政元素有机地融入知识点讲述和实践案例中。本书不仅关注读者对技术的学习，更致力于培养读者的思考力、责任感和实际运用能力。

4. 适用范围广泛

本书条理清晰，无论是想要入门 Vue.js，还是希望深入了解 Vue3 的高级特性，本书都能够提供全面而系统的学习路径。本书实用性和操作性强，可作为本科院校及培训学校计算机及相关专业的理论和实验实训教材，并可供 Web 前端开发人员参考。

本书由桂林电子科技大学李新荣、甘杜芬担任主编，王智博、黄静、潘瑞远、黄晓玲、乔丽莎担任副主编。本书的编写分工如下：第 1 章由黄静编写，第 2 章由潘瑞远编写，第 3 章由乔丽莎编写，第 4～9 章由李新荣编写，第 10 章由黄晓玲编写，第 11 章由王智博编写，第 12 章由甘杜芬编写，全书由李新荣统稿。

我们衷心地希望本书能够为前端开发者提供有力的支持和帮助。如果在学习过程中有任何疑问或建议，欢迎随时通过电子邮件与我们联系。邮件请发至 123990509@qq.com。

编　者

2024 年 4 月

目 录

第 1 章　Vue 的开发环境

本章将介绍代码编辑器、Vue 的调试工具和 Vue 的工程化项目开发环境。本书建议使用 Visual Studio Code 编辑器(简称 VS Code)作为代码编辑工具。对于 Vue 的调试工具，本章将介绍基于 Chrome 浏览器的 Vue Devtools。在 Vue 的工程化项目开发中，需要建立 Node.js 环境来支持项目的构建和运行。使用这些工具和环境可以提高开发效率和便捷性。

1.1　VS Code 编辑器

VS Code 是微软旗下一款非常优秀的跨平台、轻量、免费的代码编辑器。它拥有强大的智能提示、各种方便的快捷键、丰富的插件生态系统，且运行稳定，在前端开发中是非常好用的工具。本章将简单介绍 VS Code 的基本使用方法。

1.1.1　下载及安装 VS Code

登录 VS Code 官方网站 https://code.visualstudio.com/，下载 VS Code 安装文件。官方网站提供了不同操作系统下不同版本的安装文件，包括 Stable(稳定的发行版本)与 Insiders(最新的测试版本)两个版本。其下载界面如图 1-1 所示，用户可根据自己的计算机选择相应操作系统下的版本进行下载。在此，以下载 Stable(稳定的发行版本)Windows x64 安装文件为例进行讲解，下载的安装文件为"VSCodeUserSetup-x64-1.85.2.exe"。

图 1-1　VS Code 下载界面

双击"VSCodeUserSetup-x64-1.85.2.exe"安装文件,运行安装向导,如图 1-2 所示。

图 1-2   VS Code 安装界面

用户根据安装向导的提示逐步完成安装。

1.1.2   VS Code 的界面介绍

VS Code 的界面主要分为 6 个区域,分别是标题栏、活动栏、侧边栏、编辑栏、面板栏、状态栏,如图 1-3 所示。其中,活动栏、侧边栏、面板栏的详细介绍如下。

图 1-3   VS Code 的界面

1. 活动栏

如图 1-4 所示，活动栏从上到下依次为文件资源管理器、跨文件搜索、源代码管理器、调试运行、插件管理器、账户和设置按钮。

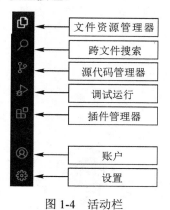

图 1-4　活动栏

2. 侧边栏

单击活动栏上的文件资源管理器、跨文件搜索、源代码管理器、调试运行、插件管理器、账户和设置按钮，相应的功能操作界面就会在侧边栏中打开。

例如，单击活动栏的"文件资源管理器"按钮，在侧边栏中将会打开文件资源管理器。文件资源管理器用来浏览、打开和管理项目内的所有文件和文件夹。打开文件夹后，文件夹内的内容会显示在文件管理器中。在文件管理器中可以创建、删除、复制、重命名文件和文件夹，也可以通过拖拽移动文件和文件夹，如从 VS Code 之外拖拽文件到文件管理器，则会拷贝该文件到当前文件夹下。

3. 面板栏

如图 1-5 所示，面板栏从左到右依次为 PROBLEMS(问题)、OUTPUT(输出)、DEBUG CONSOLE(调试控制台)、TERMINAL(终端)、PORTS(端口)等面板，其中最常用的是 TERMINAL(终端)面板。该面板是一个集成的终端工具，用于在编辑器内部执行命令行操作，例如编译代码、执行脚本、安装依赖包等。

图 1-5　面板栏

1.1.3　插件的获取及安装

VS Code 有丰富的插件生态系统，下面以安装 VS Code 的汉化插件为例，介绍插件的获取及安装步骤。

(1) 单击活动栏的插件管理器按钮图标，插件管理器将在侧边栏中打开。

(2) 在插件搜索框中输入"language"后按回车键进行查找。

(3) 在搜索框下面的列表中找到"中文(简体)"插件，单击该插件，在编辑栏区域将显示该插件的相关信息。

(4) 单击"Install"按钮进行安装。

具体插件安装步骤如图 1-6 所示。

图 1-6　插件安装步骤

安装完成后"Install"按钮会变成"Uninstall"按钮，单击"Uninstall"按钮可以卸载插件。汉化插件安装完成后会在窗口的右下角弹出一个对话框，显示重启 VS Code 进入中文界面，如图 1-7 所示。单击"Restart Now"按钮，重启 VS Code 进入中文界面。

图 1-7　重启 VS Code 对话框

 ## 1.1.4　前端开发常用插件

1. 代码编辑器插件

(1) 代码提示插件：包括 html spell 插件、HTML Snippets 插件(完整的 HTML 代码提示)、HTML CSS Support 插件(智能提示 CSS 样式)、IntelliSense for CSS class names in HTML 插件等。

(2) 代码格式及显示效果插件：包括 Beautify 插件(格式化代码工具)、Guides 插件(显示代码对齐辅助线)等。

2. 实时查看开发的网页或项目效果的插件

(1) View In Browser 插件。安装该插件后，在文件资源管理器中右击 HTML 文件，会出现"View In Browser"选项，单击该选项可以打开浏览器预览 HTML 文件。

(2) Live Server 插件。Live Server 插件是一个具有实时加载功能的小型服务器，用于本地开发搭建临时的服务，实时查看开发的网页或项目效果，具有修改文件后浏览器自动刷新的功能。安装该插件后，在文件资源管理器中右击 HMTL 文件，会出现"Open with Live Server"选项，单击该选项就能打开浏览器预览 HTML 文件。

3. Vue 插件

(1) Volar 插件。Volar 插件是一个针对 Vue3 的 VS Code 插件，主要用于提高 Vue3 项目的开发效率。Volar 针对 Vue3 项目进行了优化，可提供更快的编辑器性能，在模板中可提供更强大的智能提示，包括对组件、指令、属性的实时反馈。Volar 插件还可以即时检测到模板中的语法错误，并在编辑器中显示错误信息，使开发者能够更容易发现和修复错误。

Volar 插件的安装方法与中文语言插件的安装方法类似。在插件管理器界面的搜索框中输入关键词"Volar"，搜索到"Vue Language Featu (Volar)"插件后进行安装。

(2) vue3-snippets-for-vscode 插件。"vue3-snippets-for-vscode"是 VS Code 编辑器中的一个 Vue3 代码片段插件。该插件的主要功能是提供一组预定义的代码片段，以便在编写 Vue3 组件时更加高效。这些代码片段可以通过快捷键触发，从而加速开发过程。

1.1.5　VS Code 常用快捷操作

1. 常用快捷键

VS Code 常用快捷键如表 1-1 所示。

表 1-1　VS Code 常用快捷键

快 捷 键	快 捷 键 功 能
Ctrl + Shift + Enter	上方插入一行
Ctrl + Enter	下方插入一行
Alt + ↑	将代码向上移动
Alt + ↓	将代码向下移动
Shift + Alt + ↑	向上复制代码
Shift + Alt + ↓	向下复制代码
Ctrl + /	行注释
Ctrl + K + U	删除行注释
Alt + Shift + A	块注释
Ctrl + G 输入行号	行跳转
Ctrl + B	显示/隐藏侧边栏
Ctrl + F	文件内查找

VS Code 提供了键盘快捷方式文档，打开该文档可以查看 VS Code 提供的快捷键。文档打开步骤如图 1-8 所示。

图 1-8　打开键盘快捷方式文档步骤

也可按下快捷键快速打开键盘快捷方式文档，操作方法是先按住 Ctrl + K 键，再接着按下 S 键。

2. VS Code 多光标操作

当需要在不同列上实现多个光标操作时，可先按住 Alt 键，然后用鼠标单击需要光标的位置，每单击一次就会出现一个光标。

当需要在同一列上实现多个光标操作时，可先用鼠标单击第一行需要光标的位置，然后按住 Alt + Shift 键，接着用鼠标单击最后一行需要光标的位置。

撤销多光标操作时，按 Esc 键或用鼠标单击任意位置即可。

3. 命令面板

命令面板中可以执行各种命令，包括 VS Code 编辑器自带的功能和插件提供的功能。命令面板是 VS Code 快捷键的主要交互界面，可以使用 F1 键或者 Ctrl + Shift + P 快捷键打开。在命令面板中可以输入命令进行搜索(中英文都可以)，然后执行。

例如设置编辑器颜色主题，可按 Ctrl + Shift + P 快捷键打开命令面板，在命令面板输入框中输入"主题"，有关"主题"的命令将显示在下面的列表中，如图 1-9 所示。

图 1-9　命令面板

在图 1-9 中，选择"首选项：颜色主题"选项，进入颜色主题列表，设置颜色主题面板如图 1-10 所示，按上下方向键可预览各颜色主题的效果，按回车键可应用该主题。

图 1-10　设置颜色主题面板

1.2　Vue 的调试工具

浏览器是开发和调试 Web 项目的工具，本书使用 Chrome 浏览器来讲解 Vue 的调试工具。Vue Devtools 是一款基于 Chrome 浏览器的扩展程序，可用于调试 Vue 应用，把 Vue-Devtools 安装配置在 Chrome 浏览器的扩展程序即可使用。

Vue Devtools 目前的最新版本是 6.0.0-beta.1，该版本主要为 Vue3 提供支持。为了确保 Vue Devtools 的兼容性，建议在使用 Vue3 时，下载并安装最新版本的 Vue Devtools。安装 Vue Devtools 有如下两种方式。

1. 联网安装 Vue Devtools

(1) 登录 Vue Devtools 的官网(https://devtools.vuejs.org/)，官网主界面如图 1-11 所示。

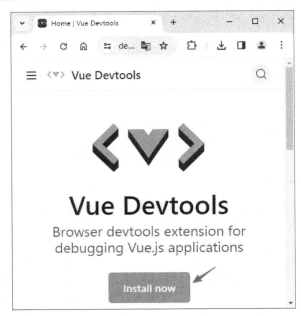

图 1-11　Vue Devtools 的官网主界面

(2) 单击"Install now"按钮，进入安装界面，如图 1-12 所示。

图 1-12　安装界面 1

(3) 选择并单击"Install on Chrome"链接，进入安装的下一个界面，如图 1-13 所示。

图 1-13　安装界面 2

（4）单击"添加至 Chrome"按钮，界面上会弹出如图 1-14 所示的安装对话框。

图 1-14　安装对话框

（5）在对话框中单击"添加扩展程序"按钮，界面上会弹出如图 1-15 所示的安装成功对话框。

图 1-15　安装成功对话框

（6）此时打开 Chrome 浏览器，单击右上角的 ⋮ 按钮打开菜单，在菜单中选择扩展程序→管理扩展程序，打开扩展程序管理页面，如图 1-16 所示。此页面将显示已安装完成的 Vue Devtools 相关信息。

图 1-16　扩展程序管理页面

2. 在本地安装 Vue Devtools

(1) 打开 Chrome 浏览器，单击右上角的 ⋮ 按钮，打开菜单。

(2) 在菜单中选择扩展程序→管理扩展程序，打开扩展程序管理页面，如图 1-16 所示。
注：在浏览的地址栏录入 chrome://extensions/并按回车键，也可以打开扩展程序管理界面。

(3) 在资源管理器中找到"Vue.js devtools 6.5.1_0.crx"(本书配置资料中有提供)，拖拽该文件至图 1-16 所示的页面中，松开鼠标后，会弹出如图 1-17 所示的对话框。在此对话框中单击"添加扩展程序"按钮，完成安装。

图 1-17　安装 Vue.js devtools 对话框

1.3　Node.js 环境

1. 下载 Node.js

从 Node.js 的中文官方网站 https://nodejs.cn/download/下载 Node.js 安装包。该网站提供不同操作系统的安装包，如图 1-18 所示。

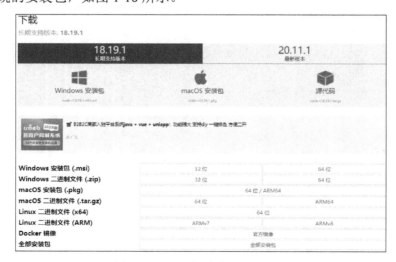

图 1-18　Node.js 安装包下载界面

读者可根据所安装的操作系统来选择相应的版本下载。在此以下载 Windows 64 位的安装包为例来讲解，下载得到的安装文件为 "node-v20.11.0-x64.msi"。

2. 安装 Node.js

双击下载的安装文件，运行安装向导，如图 1-19 所示。

图 1-19　Node.js 安装界面

读者可根据安装向导提示，逐步完成安装。安装完成后，打开命令行工具，输入运行命令 node-v，如果能查看到 node 的版本，说明安装成功，如图 1-20 所示。

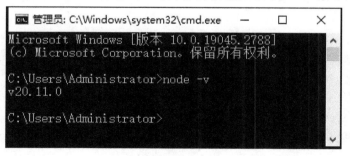

图 1-20　查看 node 版本

第 2 章　Vue 项目开发 ES6 基础

ECMAScript 6(简称 ES6，也被称为 ECMAScript 2015)于 2015 年发布，引入了许多新的语法和功能，旨在改善 JavaScript 的可读性、可维护性和开发效率。本章主要介绍 Vue 开发中经常用到的一些 ES6 知识点。更详细的 ES6 语法，请读者自行寻找相关资料进行学习。

2.1　变量、常量声明

1. let 命令

ES6 新增了 let 命令，用来声明变量。与用 var 声明变量相比，用 let 声明变量有如下特点。

(1) 变量不允许重复声明。

let 命令不允许在相同作用域内重复声明同一个变量。

示例 2-1　代码如下：

```
let a= 100;
let a = 200;
console.log(a);
```

运行上述代码，当运行到"let a = 200;"时，会在控制台输出如下错误信息：

```
Uncaught SyntaxError: Identifier 'a' has already been declared
```

(2) 不存在变量提升。

变量提升是指在代码执行之前，JaraScript 引擎会将变量和函数声明提升到它们所在作用域的顶部，换句话说，无论变量和函数在代码中实际声明的位置如何，它们在代码执行之前已经在其作用域中被识别。

用 let 命令所声明的变量，变量使用时遵循"先定义，后使用"的原则。

示例 2-2　代码如下：

```
console.log(b);
let b = 300;
```

运行上述代码，当运行到"console.log(b);"时，会在控制台输出如下错误信息：

Uncaught ReferenceError: Cannot access 'b' before initialization

用 var 声明的变量，可以在声明之前使用该变量，值为 undefined，不会报错；而用 let 命令声明的变量一定要在声明后使用，否则会报错。

(3) 在块级作用域内有效。

ES5 中只有全局作用域和函数作用域，而 ES6 中新增了块级作用域。

块级作用域是由一对大括号产生的作用域，具有块级作用域的变量只能在块级内使用。在业务逻辑比较复杂时，块级作用域能防止内层变量修改外层变量。

示例 2-3　代码如下：

```
{
    let c=400;
    console.log(c);
}
console.log(c);
```

运行上述代码，当运行到最后一条"console.log(c);"时，会在控制台输出如下错误信息：

Uncaught ReferenceError:c is not defined

上述代码用一对大括号产生了块级作用域，在该作用域中用 let 声明的变量 c 只在该块级作用域内有效，在该块级之外使用就会报错。

(4) 具有暂时性死区特性。

在 ES6 规范中，块级作用域中 let 声明的变量，从该块级作用域开始就形成了封闭作用域，不再受外部代码影响。如示例 2-4 中在块级作用域中用 let 声明了变量 d，外层的变量 d 不能在这个块级作用域内使用。又因为 let 声明的变量不存在变量提升，所以凡是在声明之前使用这些变量，就会报错。这在语法上称为"暂时性死区"，防止了内层变量修改外层变量。

示例 2-4　代码如下：

```
var d = 500;
if(true){
    d = 600;
    let d;
}
```

运行上述代码，当运行到 if 语句块中的"d = 600;"语句时，会在控制台输出如下错误信息：

Uncaught ReferenceError: Cannot access 'd' before initialization

(5) let 命令与 for 语句。

① 使用 let 声明循环变量，可以防止循环变量变成全局变量。

示例 2-5　代码如下：

```
for (let i = 0; i < 3; i++) {
    console.log(i);
}
```

```
console.log(i);
```

运行上述代码，在控制台输出：

```
0
1
2
```

运行到最后一条 "console.log(i);" 时，命令行输出如下错误信息：

```
Uncaught ReferenceError: i is not defined
```

可见，在 for 语句的条件表达式中，用 let 声明的循环变量，作用域在 for 语句的范围内。

② 在 for 语句条件表达式中声明的变量与在循环体中声明的变量不在同一作用域。

示例 2-6　代码如下：

```
for (let i = 0; i < 3; i++) {
let i = 100;          //与上一行循环变量 i 不在同一个作用域，所以可以声明成功
console.log(i);
}
```

运行上述代码，控制台输出：

```
100
100
100
```

在 for 语句条件表达式中声明的变量与在循环体中声明的变量不在同一作用域，设置循环变量的那部分是一个父作用域，而循环体内部是一个单独的子作用域。

③ 每次循环都会产生一个块级作用域。

示例 2-7　代码如下：

```
var a = [];
for (let i = 0; i < 3; i++) {
  a[i] = function () {
    console.log(i);
  };
}
a[0]();
a[1]();
a[2]();
```

此示例在 for 循环语句定义了三个函数 a[0]、a[1]、a[2]，接着调用函数 a[0]、a[1]、a[2]，控制台输出：

```
0
1
2
```

因为变量 i 是 let 声明的，当前的 i 只在本轮循环有效，所以每一次循环的 i 其实都是一个新的变量。

2. const 命令

const 命令用来声明一个只读的常量，一旦声明，值就不能改变。const 声明具有如下特点：

(1) const 声明常量时必须赋值。

例如："const pi = 3.14;" 声明并赋值。

例如："const e;" 只声明不赋值，执行 "const e;" 语句，就会报如下声明未初始化错误：

```
Uncaught SyntaxError: Missing initializer in const declaration
```

(2) const 声明常量并赋值后，值不能修改。

示例 2-8　代码清单如下：

```
const e=3.14;
console.log(e);
e=700;
console.log(e);
```

运行上述代码，控制台输出：

```
3.14
Uncaught TypeError: Assignment to constant variable.
```

运行到 "console.log(e);" 语句时，在控制台输出 "3.14"；运行到 "e = 700;" 语句时，在控制台输出报错信息。可见用 const 声明的量，只能读它的值，不能改写它的值。

注：对于基本数据类型的值(如数字、布尔类型)，值不可修改；对于复杂数据类型(如数组、对象)，虽然不能重新赋值，但是可以更改数据结构内部的值。

示例 2-9　代码清单如下：

```
const fruit=['apple','banana']
fruit[0]=100;
fruit[1]=200;
console.log(fruit);
fruit=[300,400];
```

运行上述代码，在控制台输出：

```
[100, 200]
Uncaught TypeError: Assignment to constant variable.
```

"fruit[0] = 100;fruit[1] = 200;" 语句成功修改了数组元素的值，但程序运行到 "fruit=[300,400];" 语句时报错，不能给 fruit 常量赋新值。

(3) const 命令其他特性与 let 相同。

3. var、let、const 三者之间的区别

var、let、const 三者的区别如表 2-1 所示。

表 2-1   var、let、const 三者之间的区别

项 目	var	let	const
作用域	函数级作用域	块级作用域	块级作用域
变量提升否	变量提升	变量不提升	变量不提升
值可更改否	值可更改	值可更改	值不可更改

在编写程序的过程中，如果要存储的数据需要更改，建议使用 let 代替 var；如果要存储的数据不需要更改，如数学公式中一些恒定不变的值、函数的定义等建议使用 const 关键字。

2.2   变量的解构赋值

变量的解构赋值是指 ES6 允许按照一一对应的方式，从数组和对象中提取值，对变量进行赋值。

1. 数组的解构赋值

从数组中提取值，按照对应位置对变量赋值。

基本语法形式：

    let [变量名 1，变量名 2，…]=数组

等号左边的中括号内是变量名列表，等号右边是具体被解构的数组。从右边的数组中依次提取数值，依次对左边对应位置的变量赋值。变量的个数与数组中元素的个数存在如下 3 种情况。

(1) 变量的个数和数组中元素的个数相同。

示例 2-10   代码清单如下：

```
let [a, b, c] = [1, 2, 3];
console.log(a);
console.log(b);
console.log(c);
```

运行上述代码，控制台输出：

```
1
2
3
```

该示例中 let [a, b, c] = [1, 2, 3]，左右两边元素的个数相等，每个变量都有赋值。此语句实现了从等号右边的数组[1, 2, 3]中依次提取数值，依次对等号左边对应位置的 a，b，c 变量赋值，效果等价于：

```
let a = 1;
let b = 2;
let c = 3;
```

(2) 变量的个数小于数组中元素的个数。

示例 2-11　代码清单如下：

```
let [a,b] = [1, 2, 3];
console.log(a);
console.log(b);
```

运行上述代码，控制台输出：

```
1
2
```

该示例中 let [a,b] = [1, 2, 3]，右边数组的元素个数大于左边变量的个数，此语句仍能实现对 a，b 变量赋值，值分别为 1，2。

(3) 变量的个数大于数组中元素的个数。

示例 2-12　代码清单如下：

```
let [a,b,c] = [1, 2];
console.log(a);
console.log(b);
console.log(c);
```

运行上述代码，控制台输出：

```
1
2
undefined
```

该示例中右边数组元素的个数少于左边变量的个数，此语句仍能实现对前两个变量 a，b 赋值，值分别为 1，2。变量 c 在数组没有值可取，其值为 undefined。

2. 对象的解构赋值

在对象的解构赋值中，因为对象的属性没有次序，所以变量名必须与属性名同名，才能在对象中取到值。

基本语法形式：

```
let {变量名 1，变量名 2，…}=对象
```

等号左边的大括号中写的是变量名列表，等号右边写的是具体被解构的对象。变量的名称匹配对象的属性名，如果匹配成功就将对象中该属性的值赋值给变量；如果匹配失败，变量的值为 undefined。

示例 2-13　代码清单如下：

```
let { id,name,tel } = { id: '001',tel:'888888', name: 'tom' };
console.log(id);
console.log(name);
console.log(tel);
```

运行上述代码，控制台输出：

```
001
tom
888888
```

变量名与属性名相同的相对应赋值。

示例 2-14　代码清单如下：

```
let { id,name,tel } = { id: '001',name: 'tom' };
console.log(id);
console.log(name);
console.log(tel);
```

运行上述代码，控制台输出：

```
001
tom
undefined
```

变量 tel 在右边的对象中没有对应的属性名，值为 undefined。

2.3　rest 参数

rest 参数也称不定参数或剩余参数，其形式为"…变量名"，用于获取函数或数组解构赋值中的多余参数。

示例 2-15　rest 参数在函数中的使用示例代码如下：

```
function fn1(a,b,...c){
console.log(c);
}
fn1(1,2,3,4,5);
```

运行上述代码，控制台输出：

```
[3,4,5]
```

示例中调用 fn1 时传入了 5 个实参，前两个分别赋值给形参 a 和 b，剩余的实参以数组的形式存放在 c 中，所以示例中调用 fn1 会输出[3,4,5]。

示例 2-16　代码如下：

```
var [a,b,...c] = [1,2,3,4,5];
console.log(c);
```

运行上述代码，控制台输出：

```
[3,4,5]
```

示例中变量 c 输出[3,4,5]，数组前两个元素分别赋值给变量 a 和 b，数组中后续的元素赋值给变量 c。

rest 参数只能出现在定义变量的最后，不能出现在其他位置。

2.4　扩展运算符

扩展运算符用于展开数组、对象、字符串等可迭代对象的元素。它的语法是三个连续的点 "...", 其主要有以下三个功能。

(1) 展开数组: 将一个数组中的元素展开为独立的值, 方便将一个数组的元素合并到另一个数组中。

例如:

```
const arr1 = [1, 2, 3];
const arr2 = [4, 5, 6];
const combined = [...arr1, ...arr2];        //合并两个数组
combined 中的元素是  [1, 2, 3, 4, 5, 6]
```

(2) 展开对象: 将一个对象展开为独立的键值对, 方便复制或合并对象。

例如:

```
const obj1 = { name: "张中", age: 30 };
const obj2 = { city: "北京" };
const merged = { ...obj1, ...obj2 };        //合并两个对象
 merged 对象是  { name: "张三", age: 30, city: "北京" }
```

(3) 展开字符串: 将字符串展开为字符数组。

例如:

```
const str = "Hello";
const chars = [...str];                     //将字符串展开为字符数组
chars 数组中的元素是  ["H", "e", "l", "l", "o"]
```

此外, 扩展运算符还可以展开其他可迭代对象的元素。

2.5　箭头函数

ES6 允许使用箭头 "=>" 来定义函数, 箭头函数省略了 function。这种写法更加简洁。语法如下:

```
(参数 1, 参数 2,…,参数 n) =>{函数体}
```

说明:

(1) 箭头函数定义中没有名称, 在实际开发中, 通常的做法是把箭头函数赋值给一个变量, 变量名字就是函数名字, 然后通过变量名字去调用函数。例如:

```
const sum = (num1, num2) =>{return num1 + num2;};    //定义函数
sum(10,20);        //调用函数
```

(2) 当参数列表只有一个参数时，参数列表的圆括号可以省略，但其他情况必须保留圆括号。例如：

```
const sum = (num1) =>{console.log(num1)};
```

可以简写成：

```
const sum = num =>{console.log(num1)};
```

(3) 当函数体只有一条 return 语句时，可以省略花括号和 return 关键字。例如：

```
const sum = (num1, num2) =>{return num1 + num2;};
```

可以简写成：

```
const sum = (num1, num2) => num1 + num2;
```

(4) 如果箭头函数直接返回一个对象，就必须在对象外面加上圆括号，否则会报错。例如：

```
const getobj = () => { return {id: 001, name: 'tom'};};
```

可以简写成：

```
const getobj = () =>({id:001,name:'tom'});
```

(5) 箭头函数内的 this。箭头函数没有自己的 this，它会捕获外层作用域的 this 值。箭头函数定义时所处的普通函数的上下文就是箭头函数的上下文，如果所处环境没有普通函数，上下文就是 window。

示例 2-17   代码清单如下：

```
var name='Lisa'
let getName=()=>{                //定义箭头函数
    console.log(this.name);
}
let stu1={
    name:'Tom',
    getName:getName
}
let stu2={
    name:'Mary'
}
getName();                //输出：Lisa
stu1.getName();           //输出：Lisa
getName.call(stu2)        //输出：Lisa
```

这个示例中，因为在全局环境中定义了箭头函数 getName，所以该函数内的 this 指向是 window。

2.6　模板字符串

ES6 中允许使用"｀"反引号(键盘左上角"～"键下的符号)创建模块字符串。模板字符串是 ECMAScript2015 (ES6)中引入的一种字符串表示法，是可以创建多行字符串以及在字符串中插入变量或表达式的特殊字符串。

模板字符串使用反引号"｀"来定义，其中插入的变量或表达式使用$\{\}$括起来。

示例 2-18　代码清单如下：

```
let area="海城区";
let sqlStr=` select * from userinfo where areadd='${area}'`;
console.log(sqlStr);
```

运行上述代码，控制台输出：

```
select * from userinfo where areadd='海城区'
```

模板字符串的主要特点如下。

(1) 多行字符串：可以在模板字符串中包含多行文本，而不需要使用换行符\n。例如：

```
const template= `
        <div>
            <p>Copyright@2024 XXX 学院</p>
            <p>地址：广西北海市银海区南珠大道 9 号邮编：536000</p>
        </div>
            `;
```

(2) 字符串内的表达式：除了变量，还可以在$\{\}$内部放置任何有效的 JavaScript 表达式，它们将在字符串内部计算。

示例 2-19　代码清单如下：

```
const num1 = 5;
const num2 = 3;
const result = `${num1} + ${num2} = ${num1 + num2}`;
console.log(result);               //输出：5 + 3 = 8
```

2.7　异步编程

程序执行时，可以不等待当前操作完成而继续执行后续操作的一种执行方式，称为异步执行。但是，有时候必须等到一个操作结束之后再进行下一个操作，这时候就需要用到回调函数。在异步编程中，回调函数通常用于处理异步操作的结果或者执行一些特定的程序。回调函数多层嵌套会造成回调"地狱"，造成代码可读性变差，难以维护和调试。为了解决回调"地狱"的问题，JavaScript 社区引入了 Promise、async/await 等异步编程模式，使得异步操作可以更清晰、更有序地组织，避免了深层次的回调嵌套。

 ## 2.7.1　Promise

多层嵌套的回调函数造成回调"地狱"，而 Promise 可以把回调"地狱"改成一个从上往下的执行队列。允许开发者以更直观和结构化的方式组织和处理异步代码。Promise 是一种表示异步操作的对象，也是一个构造函数，用于生成 Promise 实例对象。

1. 创建 Promise 实例对象

Promise 的基本用法的语法格式如下：

```
var p= new Promise (function (resolve, reject) {
//异步操作的代码
//如果操作成功，调用 resolve 并传递结果
// resolve(value);
//如果操作失败，调用 reject 并传递错误信息
// reject(error);});
```

实例化 Promise 对象时，构造函数中传递一个函数作为参数，该函数用于处理异步任务，比如网络请求、文件读取、定时器等等。该函数中 resolve 和 reject 两个参数也是函数，用于处理异步操作成功和失败两种情况。

Promise 实例对象可以处于三种状态之一：pending(表示异步操作进行中)、fulfilled(表示异步操作成功完成)和 rejected(表示异步操作失败)。Promise 的这三种状态反映了异步操作的进展。

当异步操作成功时调用 resolve 函数，将 Promise 实例对象的状态从 pending 转变为 fulfilled(成功的)，并将异步操作的结果传递给 then 方法的回调函数。

当异步操作失败时调用 reject 函数，将 Promise 实例对象的状态从 pending 转变为 rejected(失败的)，并将失败的原因传递给 catch 方法的回调函数。

2. Promise 实例对象的方法

(1) then 方法：接收两个回调函数作为参数，第二个回调函数可选。两个回调函数都接收 Promise 实例对象传出的值作为参数，第一个回调函数在异步操作成功时调用，第二个回调函数在异步操作失败时调用。这个方法返回一个新的 Promise，可以实现链式调用。通过 then 方法，可以按照特定的顺序执行异步操作，实现更清晰的异步流程控制。

(2) catch 方法：用于捕获 Promise 链中发生的任何错误。

(3) finally 方法：无论 Promise 状态最终变为 fulfilled 还是 rejected，都会执行给定的回调函数，返回一个新的 Promise，其状态和值与原始 Promise 保持一致。

示例 2-20　代码清单如下：

```
const p=new Promise((resolve,reject)=>{
    //异步操作逻辑，可以是网络请求、文件读取等
    setTimeout(()=>{
        let flag=true;                    //摸拟异步操作的结果
        if(flag){
            resolve("成功的数据");          //异步任务成功时调用 resolve
        }else{
            reject("报错信息");            //异步任务失败时调用 reject
        }
    },1000);
});
//使用 then 方法处理成功情况，catch 方法处理失败情况
p.then(result => {
    console.log(p);
    console.log("成功： " + result);
}).catch(error => {
    console.log(p);
    console.error("失败： " + error);
}).finally(function(){
    console.log('结束');
});
```

程序运行在控制台输出：

Promise {<fulfilled>: '成功的数据'}

成功：成功的数据

结束

在此示例中，创建了一个 Promise 对象 p，其中包含了一个异步操作，通过 setTimeout 模拟延迟操作。如果异步操作成功，调用 resolve 将结果传递给 then 方法处理；如果异步操作失败，调用 reject 将错误信息传递给 catch 方法处理。不管异步操作成功还是失败，最后都会执行 finally 的回调函数。

 ## 2.7.2　async/await

async 函数是 ECMAScript 2017(ES8)引入的一种用于简化 Promise 的异步编程的语法。async 函数可使编写和理解异步代码更为方便，它返回一个 Promise 对象。

如果 async 函数内部没有显式返回一个 Promise 对象，它会返回成功的 Promise 对象。

示例 2-21　代码清单如下：

```
async function fn1( ) {
```

```
        return 8888;
        }
    console.log(fn1());
```

程序运行在控制台输出：

```
Promise{<fulfilled>: 8888}
```

在 async 函数中使用 await 关键字，用于等待一个 Promise 对象解决，并返回 Promise 的解决值(异步操作的返回值)。async 函数的执行是同步的，但是当执行到 await 表达式时，它会暂停执行，让出线程控制权，直到 await 后面的异步操作完成。

示例 2-22　代码清单如下：

```
async function fn1( ) {
    return new Promise((resolve, reject) => {
        resolve('ok')
        })
}
async    function fn2(){
    try{
        let res1=await fn1()
        console.log(res1);
        let res2=await 888
        console.log(res2);
        console.log('前两条 await 语句之后的语句');
    }catch(e){
        console.log('错误：'+e);
    }
}
fn2()
```

程序运行在控制台输出：

```
ok
888
前两条 await 语句之后的语句
```

在 fn2 函数内部通过 await 关键字等待异步操作完成。

(1) 第一个 await fn1()：等待 fn1 函数返回的 Promise 对象解决，接着输出解决值"ok"。

(2) 第二个 await 888：由于 888 不是一个 Promise 对象，它会被视为立即解决的值，接着输出"888"。

在 await 888 的情况下，即使不是一个 Promise 对象，它仍然会被包装成一个成功的 Promise 对象。因此后续的代码会继续执行，输出"前两条 await 语句之后的语句"。

await 使得异步代码的写法更加清晰，类似于同步代码的结构。需要注意的是，await 只能在 async 函数内部使用，而不能在普通函数或全局作用域中使用。

2.8　模块

　　ES6 实现了 Module(模块)功能，可以将一个大程序拆分成互相依赖的模块，以适应大型的、复杂的项目开发。ES6 模块功能主要使用 export 和 import 命令实现，export 命令用于规定模块的对外接口，import 命令用于输入其他模块提供的数据。

2.8.1　ES6 模块化规范

　　一个模块就是一个独立的文件，一般情况下，外部无法直接获取到该文件内部的所有数据，该文件也无法使用其模块中的数据。只有该模块主动输出时，外部模块才可以获取该模块输出的数据。这时模块必须使用 export 命令定义对外接口，导出数据；如该模块要使用其他模块中的数据，则应使用 import 命令导入其他模块提供的数据。ES6 模块化规范如下。

　　(1) 每个 js 文件都是一个独立的模块，该文件内部的所有变量和函数，外部无法获取。

　　(2) export 关键字导出模块的变量和函数。

　　(3) import 关键字导入其他模块提供变量和函数。

2.8.2　在 HTML 文件中引入 JS 模块

　　在 HTML 文件中，传统的 JavaScript 脚本中使用<script>标签的 type 属性指定为 "text/javascript" 来实现引入脚本。例如：

```
<script type="text/javascript"  src="script.js"></script>
```

　　而在模块化的情况下，<script>标签的 type 属性指定为 "module"，通过 import 命令来引入脚本，例如：

```
<script type="module" > import us from  './user.js' </script>
```

2.8.3　模块的导出与导入

　　模块之间的数据导出与导入的写法有如下三种写法，示例如表 2-2 所示。

1. 第一种写法

　　在定义变量时直接导出，即在定义变量的前面加上 export 命令，这种导出也称之为命名导出，导出的是变量声明、函数声明。

　　导入时使用命令：

```
import {变量 1,变量 2,…}  from  '模块路径'
```

import 后面的花括号中的变量名与命名导出时的变量名要一致，from 关键字后面"模块路径"必须使用字符串字面量值。"模块路径"是模块文件名，其前要加上路径，路径可以是相对路径，也可以是绝对路径。

2. 第二种写法

命名导出也可以先声明后导出，一条 export 命令一次输出多个已定义好的变量或函数，语法：

    export { 变量 1,变量 2,...}

导入时使用命令：

    import {变量 1,变量 2,...} from '模块路径'

第一种、第二种写法中，导入的变量名与导出的变量名要一致，导入的变量个数不能多于导出的变量个数。导入的变量名可以用 as 关键字给变量名命别名，语法：

    import {变量 1,变量 2 as 别名,...} from '模块路径'

除了指定导入某个变量值，还可以使用整体导入，即用星号(*)指定一个对象，所有输出值都加载在这个对象上面，语法：

    import * as 对象名 from '模块路径'

3. 第三种写法

上述两种方法导入时需要知道导出的变量名或函数名，否则无法导入；而用 export default 默认导出可直接输出一个对象，导入时用一个对象来接收即可。导入使用命令：

    import 对象名 from '模块路径'

在一个模块中，可以使用多次 export 导出；但每个模块中，只允许使用一次 export default，否则会报错。

表 2-2   export 和 import 命令示例表

模块(exp.js)		模块(imp.js)
三种对外接口写法	定义对外接口	导入模块(exp.js)的数据及使用

第一种命名导出
(声明时导出)
	export var a = 123;
	export function b() {
	    console.log("hello world")
	}
		(1) 指定导入。
		import {a,b} from './exp.js'
		console.log(a); //输出：123
		b(); //输出：Hello,World!

第二种命名导出
(先声明后导出)
	var a = 123;
	function b() {
	    console.log("hello world")
	}
	export {a,b};
		(2) 给变量命别名。
		import {a,b as c} from './exp.js'
		console.log(a); //输出：123
		c(); //输出：Hello,World!
		(3) 整体导入到一个对象。
		import * as c from './exp.js'
		console.log(c.a); //输出：123
		c.b(); //输出：Hello,World!

续表

模块(exp.js)		模块(imp.js)

第三种默认导出	export default {
	　　a : 123,
	　　b: function () {
	　　　　console.log("hello world")
	　　}
	或
	var a = 123;
	function b() {
	　　console.log("hello world")
	}
	export default { a:a , b:b }
		import c from './exp.js'
		console.log(c.a);
		c.b();

注：示例中两个模块文件(exp.js，imp.js)都在同一个文件夹下。

如果使用了 import，则在当前文件中任何代码执行前，先执行所有的 import 导入，即 import 先于模块内的其他语句执行。import 后面的 from 指定模块文件的位置，必须使用字符串字面量值。例如：

　　let path='./exp.js';

　　import {a} from path　　　　　　//报错

执行程序会报错，控制台输出报错信息：

　　Uncaught SyntaxError: Unexpected identifier 'path' 不能解释'path'标识符。

导入导出语句必须处在最高层，不能在分支语句、循环语句、函数等块中出现。例如：

　　if (true) {

　　　　import {a} from './exp.js'　　　　//报错

　　　　export const pi=3.14　　　　　//报错

　　}

2.8.4　动态导入

如果需要根据条件加载模块，可以使用动态 import()方法。动态 import()方法是 ES6 的功能之一，可以在运行时动态地加载模块。例如：

　　if (condition) {

　　　　import("模块路径").then((module) => {

　　　　　　//在模块加载完成后执行的代码

　　　　}).catch((error) => {

　　　　　　//处理模块加载失败的情况

　　　　});

　　}
　　动态导入在现代前端开发中广泛应用，特别是在按需加载路由、组件、语言包等方面非常有用。它使得应用程序更加灵活高效，能够根据需要动态加载所需的模块，提高了用户体验和程序性能。

2.8.5 　直接导入并执行模块代码

　　如果只是单纯地执行某个模块中的代码，并不需要得到该模块向外提供的数据，可以直接导入并执行模块代码。其语法如下：

```
import '模块标识符'
```

　　此时，import 语句用于导入其他模块的内容，以便在当前模块中使用。导入的模块内容不会被分配给任何变量，而是被加载并执行。例如：

```
import './test.js'
```

　　仅仅执行 test.js 文件，不导入任何值。

第 3 章　初识 Vue

Vue 是一个用于构建用户界面的渐进式 JavaScript 框架，Vue 的渐进式开发理论和繁荣的生态圈提供了大量的最佳实践。Vue 被广泛地应用于 Web 端、移动端、跨平台应用开发，使用场景广泛。

3.1　Vue 框架的优点

Vue 框架主要有以下三个优点。

1. 易学易用

Vue(发音为 /vju:/，类似 view)是一款用于构建用户界面的 JavaScript 框架，它基于标准 HTML、CSS 和 JavaScript 构建。只要掌握了 HTML、CSS、JavaScript，阅读 Vue 官方文档(https://cn.vuejs.org/)就能开始构建应用。其学习曲线相对较低且平滑，学习门槛、学习成本较低。Vue 生态丰富，市场上拥有大量成熟、稳定的基于 Vue 的 UI 框架、常用组件可以拿来即用，实现快速开发。

2. 灵活多变

Vue 是渐进式 JavaScript 框架，可以按照由浅到深、由简单到复杂逐步前进的方式来使用 Vue；可以在现有的架构上不进行大的改动或不改动来引用该框架，从而完全兼容之前所写的代码；可以使用框架的一部分，也可以在一个库和一套完整框架之间自如伸缩；还可以使用相关生态、相关扩展。

3. 性能出色

Vue 的性能出色主要是因为使用了虚拟 DOM 这一机制。虚拟 DOM 是一种在内存中对真实 DOM 的映射，通过在内存中进行操作，最终只将变化的部分同步到实际的 DOM，从而减少了直接操作真实 DOM 的次数，提高了性能。

3.2　Vue 高效开发示例分析

示例 3-1　利用原生 JavaScript 来实现每单击一次按钮，文本框的值加 1。代码如下：

```
1 <!doctype html>
2 <html>
3 <head>
4 <meta charset="utf-8">
5 <title>JS 实现加 1</title>
6 </head>
7 <body>
8    <input id="count" type="text" />
9    <input id="add" type="button" value="加 1"/>
10 </body>
11 <script>
12     var count=0;
13     var oBtn=document.getElementById("add");
14     var oCount=document.getElementById("count");
15     oBtn.onclick=function(){
16             count++;
17             oCount.value=count;
18     };
19 </script>
20 </html>
```

代码分析：

(1) 程序的第 13、14 行：首先找到 DOM 元素文本框和按钮。

(2) 程序的第 15 行：在 DOM 元素按钮上绑定一个单击事件。

(3) 程序的第 16 行：在事件处理函数(回调函数)中改变数据 count 值。

(4) 程序的第 17 行：把数据 count 值映射到视图文本框里显示。

示例 3-2　示例 3-1 用 Vue 来实现，代码如下：

```
1 <!doctype html>
2 <html>
3 <head>
4 <meta charset="utf-8">
5 <title>Vue 实现加 1</title>
6 <!-- 引入 Vue.js 3(CDN 链接方式)-->
```

```
7 <script src="https://unpkg.com/vue@3/dist/vue.global.js"></script>
8 </head>
9 <body>
10 <div id="app">
11    <input id="count" type="text" v-model="count"/>
12    <input id="add" type="button" value="加 1" v-on:click="add"/>
13 </div>
14 </body>
15 <script>
16   //创建一个简单的 Vue 实例
17   const app = Vue.createApp({
18       data() {
19           return { count: 0 };
20       },
21       methods: {
22           add() {
23               this.count++;
24           }
25       }
26   });
27   app.mount('#app');
28 </script>
29</html>
```

在这个例子中：

(1) 创建了一个具有 id = "app" 的<div>元素，用于挂载 Vue 实例。

(2) 使用 Vue.createApp 创建了一个简单的 Vue3 应用程序实例，并定义了一个 count 数据属性以及一个 add 方法，该方法在按钮单击时增加 count 的值。

(3) 在 HTML 中使用 v-model 指令将 count 绑定到文本框的值，并使用@click 监听按钮单击事件，单击事件触发时执行 add 方法。这样，每次单击按钮，文本框的值就会增加。

与原生的 JavaScript 实现相比，用 Vue 来实现的分析如下：

(1) 不需要找到 DOM 元素文本框和按钮。

(2) 代码的第 12 行中的 v-on:click = "add"，把事件直接绑定到 DOM 元素上。

(3) 代码的第 23 行，在事件处理函数 add 中改变数据 count 值。

(4) 代码的第 11 行中 v-model = "count"，把数据 count 绑定到文本框。一旦数据 count 的值被更改，视图文本框里显示的值会立即更新，不需要手动把数据 count 映射到视图文本框里显示。

从这两个示例对比分析中可以看到 Vue 开发的一些优势：

(1) 响应式数据：Vue 的响应式系统可以追踪数据的变化，当数据发生改变时，自动更新相关的视图。在示例 3-2 中，每次单击按钮时，count 的变化会自动反映在文本框中。用

Vue 实现数据更改不需要手动把更新的数据映射到视图上。这种响应式的更新机制，使开发人员无须知道数据变化之后是如何映射到视图上的，只需关注数据如何变化。Vue 是面向数据的编程思想，可提高开发效率。

（2）声明式渲染：Vue 采用声明式的方式来处理 DOM，通过将数据和 DOM 进行绑定，实现了更直观、可读性更强的代码。在示例 3-2 中，使用 v-model 来实现文本框和数据的双向绑定，不需要用 DOM 的 API 找到元素，数据更改也不需要手动映射到视图，Vue 的核心是一个允许采用简洁的模板语法来声明式地将数据渲染进 DOM 的系统。

（3）渐进式引入：Vue.js 是渐进式的，开发人员可以按需引入框架的不同功能。在示例 3-2 中，只使用了基础的数据绑定方法，其无须构建步骤，渐进式增强静态的 HTML。此外，Vue.js 还提供了更多高级特性，如组件化、路由、状态管理等，开发人员可以根据项目的需求逐步引入这些功能。

3.3　Vue 实现数据驱动

Vue 是基于 MVVM 模式实现的一套框架。MVVM 模式是前端视图层的分层开发思想，主要把每个页面分成 Model、View、ViewModel 三部分，简写为 M、V、VM。

M(Model)：数据模型，即数据，指的是 JavaScript 中的数据，如对象、数组等，或从后端获取到的数据列表。Model 是与应用程序业务逻辑相关的数据封装载体，Model 并不关心会被如何显示或操作，所以也不会包含任何与界面显示相关的逻辑。

V(View)：页面中的 HTML 结构，它负责将数据模型转化成 UI 展现出来。

VM(ViewModel)：View 和 Model 的之间的调度者，是同步 View 和 Model 的 Vue 实例对象。

MVVM 模式概括如图 3-1 所示。

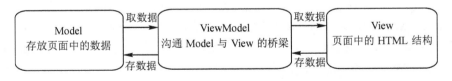

图 3-1　MVVM 模式

在 MVVM 架构下，View 和 Model 之间并没有直接的联系，而是通过 ViewModel 进行交互。Model 和 ViewModel 之间的交互是双向的，因此 View 数据的变化会同步到 Model 中，而 Model 数据的变化也会立即反映到 View 上。ViewModel 通过双向数据绑定把 View 层和 Model 层连接了起来，从而保证了视图和数据的一致性。

因此开发人员只需关注业务逻辑，不需要手动操作 DOM，也不需要关注数据状态的同步问题，复杂的数据状态维护完全由 MVVM 来统一管理。这种轻量级的架构让前端开发更加高效、便捷。

3.4 引入 Vue3 方式

在 Vue3 中，引入方式与 Vue2 相比有一些变化。以下是常用的引入 Vue3 的方式。

1. 使用 CDN 方式引入

通过 CDN 使用 Vue 时，不涉及"构建步骤"。使用 CDN 方式引入 Vue3 时，可以在 HTML 文件中直接使用 Vue3，在页面的\<head\>中添加以下代码：\<script src = "https: //unpkg. com/ vue@3/dist/vue.global.js"\>\</script\>(如示例 3-2 所示)。这里使用了 unpkg，但也可以使用任何提供 npm 包服务的 CDN。例如，使用 BootCDN 提供的 CDN，在页面的\<head\>中添加：

```
<script src="https://cdn.bootcdn.net/ajax/libs/vue/3.3.4/vue.global.js"></script>
```

vue.global.js 是 Vue3 的全局构建版本，可以直接在浏览器环境中使用 Vue3 的功能。

2. 下载 Vue3 文件自行提供服务

下载 vue.global.js 或 vue.global.min.js 到本地项目文件夹，一般存放在项目文件夹下 js 文件夹下方，然后通过\<script\>标签引入，例如：

```
<script src="./js/vue3.global.min.js"></script>
```

3. 项目脚手架方式引入

create-vue 是 Vue 官方的项目脚手架工具，通过它来创建 Vue 项目时，项目需要使用构建工具构建。这里涉及前端工程化的一些知识，这些知识将在第 6 章中讲述。

3.5 创建无构建步骤的 Vue 应用程序

 ## 3.5.1 创建 Vue 应用实例

每个 Vue 应用都是通过 createApp 函数来创建一个新的应用实例，语法如下：

```
const app = Vue.createApp({…})
```

在 Vue.createApp({ ... })中，传入的对象是 Vue 应用的选项对象用于配置和定义应用的行为。这个对象包含了应用的各种配置，例如数据 data、方法 methods、生命周期钩子等。每个选项都有不同的功能，根据开发的需求选择配置这些属性选项。在此先介绍两个常见的配置选项：data 和 methods。

```
const app = Vue.createApp({
```

```
data() {
    return {…};
},
methods: {…}})
```

1. data 配置项

data 用于定义应用的数据,它是一个函数,返回一个包含数据属性的对象,这个对象用来存放 Vue 控制页面区域(就是 MVVM 模式中的 View)中要用到的数据。data 就是 MVVM 模式中的数据模型 Model。如示例 3-2 中 data 配置项:

```
data() {
    return { count: 0 };
}
```

data()返回的属性将会成为响应式的状态,使其能在页面区域显示和响应页面数据的变化。

2. methods 配置项

methods 包含应用中可调用的方法(函数),这里定义的方法可以在应用中被调用。如示例 3-2 中的 methods 配置项:

```
methods: {
    add() {
        this.count++;
    }
}
```

在 data 中定义的属性都会暴露在函数内部的 this 上。如示例 3-2 中,data 返回了对象的 count 属性,在 add 函数中通过 this.count 就可以访问到该属性。

3.5.2 挂载应用实例

应用实例必须在调用了 mount()方法后才会渲染出来。该方法接收一个"容器"参数,其可以是一个实际的 DOM 元素或是一个 CSS 选择器字符串。例如:

容器:<div id = "app"></div>

挂载应用:app.mount('#app')

Vue 会将应用实例挂载到指定的 DOM 容器(就是 MVVM 模式中的 View)上,使应用实例控制这个容器的内容。通过指定容器,Vue 实例控制它负责管理的范围,这就实现了 MVVM 模式中的视图与视图模型的关联。

3.5.3 使用 Vue3 开发的步骤

使用 Vue3 开发的基本步骤如下:

(1) 引入 Vue3。

(2) 准备一个 DOM 容器。

(3) 创建一个 Vue 的应用实例。

(4) 挂载 Vue3 应用实例到容器上。

示例 3-3　代码如下：

```
<!doctype html>

<html>

<head>

<meta charset="utf-8">

<title>hello world </title>

<!-- 1、引入 Vue.js 3 (CDN 链接方式) -->

<script src="https://cdn.bootcdn.net/ajax/libs/vue/3.3.4/vue.global.js"></script>

</head>

<body>

    <!--2、准备一个 DOM 容器，用于挂载 Vue 应用程序实例-->

<div id="app">

    <h1>hello {{text}}</h1>

    <button @click="changeText">改变文本</button>

</div>

    {{text}}

</body>

<script>

var m= { text:"world!" }

    //3、创建一个 Vue3 的应用实例

 const app = Vue.createApp({

        data() {

            return m;

        },

        methods: {

            changeText() {

            this.text = 'Vue 3!';

        }

    }});

    //4、挂载应用实例到容器

    app.mount('#app');

</script>

</html>
```

在 VS Code 的文件资源管理器中右击该示例文件，在弹出的菜单中单击"Open With Live Server"选项，就能打开浏览器运行该文件。该示例文件在浏览器中的运行结果如图

3-2 所示。

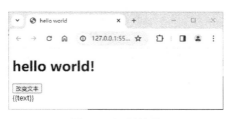

图 3-2 运行结果

该示例中#app 元素是 DOM 容器,该容器中的子元素<h1>hello{{text}}</h1>中的{{text}}表达式被编译,显示 Vue 实例中的数据 data 中的 text 属性的值;而示例中写在#app 元素外面的{{text}}表达式没有被编译,只显示原字符{{text}}。Vue 数据对视图的操作需要在容器里进行, app.mount('#app')定义了容器的根节点,Vue 数据对视图的操作要在该节点内进行,操作的元素必须是该根节点的子元素。当单击"改变文本"按钮时,页面上的"world!"变成"Vue3!"。这是因为在单击事件处理程序中修改了 text 属性的值为"Vue3!",而 data函数返回一个包含 text 属性的对象。这个 text 属性是一个响应式数据,当它发生变化时,与之相关联的视图也会进行更新。

在一个程序里,可以创建多个 Vue 实例,多个 DOM 容器。一个 Vue 实例对应一个 DOM容器。

从示例 3-3 中可以清楚看到 Vue 开发中 MVVM 模型的代码实现,如图 3-3 所示。

```
1   <!doctype html>
2   <html>
3   <head>
4   <meta charset="utf-8">
5   <title>hello world </title>
6   <!-- 1、引入 Vue.js 3 (CDN 链接方式) -->
7   <script src="https://cdn.jsdelivr.net/npm/vue@3"></script>
8   </head>
9   <body>
10    <!--2、准备一个DOM容器,用于挂载Vue应用程序实例-->
11  <div id="app">                                         View
12    <h1>hello {{text}}</h1>
13    <button @click="changeText">改变文本</button>
14  </div>
15    {{text}}
16  </body>
17  <script>
18  var m= { text:"world!" }                               Model
19  //3、创建一个Vue 3的应用实例
20  const app = Vue.createApp({
21      data() {
22        return m;                                         ViewModel
23      },
24      methods: {
25      changeText() {
26        this.text = 'Vue 3!';
27      }
28    }});
29    //4、挂载 Vue 3 实例到容器
30    app.mount('#app');
31  </script>
32  </html>
```

图 3-3 MVVM 模型的代码实现

3.6 API 风格

Vue3 支持两种书写风格的 API：一种是在 Vue2 中使用的选项式 API，示例 3-2、示例 3-3 使用的就是选项式 API；另一种是 Vue3 新引入组合式 API，组合式 API 旨在提供更灵活、可组合和可维护的代码结构。本书主要介绍组合式 API，在此先介绍 Vue3 组合式 API 的两个核心概念。

3.6.1 组合式 API 的两个核心概念

1. 组合式 API 的入口

setup 函数是使用组合式 API 的入口，在 setup 函数中使用响应式 API 来声明响应式的状态，通过 return 返回一个对象，并将该对象暴露给模板视图。

2. 响应式 API

响应式 API 是指一组用于构建响应式数据系统的编程接口。它使数据和界面能够保持同步，即当数据发生变化时，界面能够自动更新，反之亦然。组合式 API 中的 ref 函数、reactive 函数、computed 函数等是响应式 API，用于创建响应式的变量、数据对象以及派生的计算属性等，在此先介绍 ref 函数。

ref 函数接收一个内部值，返回一个响应式的、可更改的 ref 对象，此对象只有一个指向其内部值的属性 .value。例如，const count = ref(0)创建了一个响应式对象'count'，并初始化内部值为'0'，通过 count .value 可以访问到这个内部值'0'，也可以赋予它新的值。例如，count.value = 5 中，value 也是响应式的，即所有对 value 的操作都将被追踪。但在模板中访问从 setup 返回的 ref 时，它会自动浅层解包，因此无须再在模板中为它写 .value。

示例 3-4　示例 3-2 使用组合式 API 实现的代码如下：

```
<!doctype html>
<html>
<head>
<title>用 Vue3 组合式 API 实现加 1</title>
<!-- 通过 CDN 引入 Vue3 的全局构建版本-->
<script src="https://unpkg.com/vue@3/dist/vue.global.js"></script>
</head>
<body>
<div id="app">
  <input id="count" type="text" v-model="count"/>
```

```
        <input id="add" type="button" value="加 1" v-on:click="add"/>
    </div>
</body>
<script>
    const app = Vue.createApp({          //创建一个 Vue3 实例
        setup(){                          //组合式 API 的入口
            const count=Vue.ref(0)        //使用 Vue.ref 创建响应式的 count 变量，初始值为 0
            const add=()=>{
                count.value++;            //使用 ref 函数创建 count，通过 .value 进行操作
            }
            return { count,add }          //通过 return 将需要在模板中使用的变量和函数暴露出去
        }
    });
    app.mount('#app');
</script>
</html>
```

3.6.2   创建组合式 API 应用实例

通过 createApp 函数创建一个新的应用实例，其语法：

```
    const app = Vue.createApp({
    /* 根组件的配置对象 */
    })
```

传入 createApp 的对象实际上是一个组件，每个应用都需要一个"根组件"，其他组件将作为其子组件。组件的配置对象有 setup 函数、template 等配置选项。setup 函数替代选项式 API 中的 data、methods、computed 等属性。template 选项是组件的模板视图。模板用 <template>标签定义。

示例 3-5   用组件的配置对象方式改写示例 3-4，代码如下：

```
    <!doctype html>
    <html>
    <head>
    <title>用 Vue3 组合式 API 实现加 1</title>
    <!-- 引入全局构建版本的 Vue -->
    <script src="https://unpkg.com/vue@3/dist/vue.global.js"></script>
    </head>
    <body>
    <div id="app">
    </div>
```

```
<template id="root">
  <div>
    <input id="count" type="text" v-model="count"/>
    <input id="add" type="button" value="加 1" v-on:click="add"/>
  </div>
</template>
</body>
<script>
const App = { //根组件
  template:'#root',
  setup(){
    const count=Vue.ref(0)      //使用 Vue.ref 创建响应式的 count 变量，初始值为 0
    const add=()=>{
      count.value++;            //使用 ref 函数创建 count，通过.value 进行访问
    }
    return { count,add}         //通过 return 将需要在模板中使用的变量和函数暴露出去
  }
};
const app = Vue.createApp(App);
app.mount('#app');
</script>
</html>
```

根组件模板也可以直接写在应用挂载的 DOM 容器里，不需要再配置 template 选项，如示例 3-4 所示。

3.7　Vue3 提供 API 的方式

在开发阶段一般使用 Vue 的全局构建版本和 ES 模块构建版本，不同版本的 Vue 提供 API 的方式有所不同。

3.7.1　全局构建版本提供 API 的方式

示例 3-4 中的 CDN 链接引入 vue.global.js。vue.global.js 是全局构建版本的 Vue，它会暴露一个全局的 Vue 对象，该对象提供了一些顶层的 API(用于全局配置、注册全局组件、指令等)。API 以属性的形式暴露在全局的 Vue 对象上，在代码中可以直接通过 Vue 对象来

使用 Vue 的功能，例如可以直接调用 Vue.createApp、Vue.component、Vue.ref 等全局 API。如示例 3-4 所示，调用 Vue.createApp 创建应用实例，调用 Vue.ref 生成响应式数据。也可以通过对象解构把需要的 API 解构出来使用。

　　示例 3-6　示例 3-3 使用组合式 API 实现的代码如下：

```
<!doctype html>
<html>
<head>
<meta charset="utf-8">
<title>hello world </title>
 <!-- 引入全局构建版本的 Vue -->
<script src="https://unpkg.com/vue@3/dist/vue.global.js"></script>
</head>
<body>
<div id="app">
  <h1>hello {{text}}</h1>
  <button @click="changeText">改变文本</button>
</div>
  {{text}}
</body>
<script>
const { createApp,ref } = Vue
 const app = createApp({
    setup() {
      const text=ref("world!");
      function changeText() {
         text.value = 'Vue 3!';
      }
      return {text,changeText}
  }})
  app.mount('#app');
</script>
</html>
```

3.7.2　使用 ES 模块构建版本提供 API 的方式

　　在开发过程为方便使用 ES 模块语法，可以引入 Vue 的 ES 模块构建版本 vue.esm-browser.js。这样就可以使用原生 ES 模块导入语法导入 Vue 的 API，在浏览器中通过<script type = "module">来使用。

示例 3-7　使用 ES 模块构建版本提供 API 的方式，代码如下：

```
<!doctype html>
<html>
<head>
<meta charset="utf-8">
<title>使用 ES 模块构建版本</title>
</head>
<body>
<div id="app">
  <h1>hello {{text}}</h1>
  <button @click="changeText">改变文本</button>
</div>
</body>
<script type="module">
import { createApp,ref } from
'https://unpkg.com/vue@3/dist/vue.esm-browser.js'
const app = createApp({
    setup() {
      let text=ref("world!");
      function changeText() {
        text.value = 'Vue3!';
      }
      return {text,changeText}
    }})
 app.mount('#app');
</script>
</html>
```

在示例中，可以使用完整的 CDN URL 来导入，也可以使用导入映射表(Import Maps)，通过一个键映射引入完整的 CDN URL，使用导入映射表的语法如示例 3-8 所示。

示例 3-8　使用导入映射表实现示例 3-7，代码如下：

```
<!doctype html>
<html>
<head>
<meta charset="utf-8">
<title>使用导入映射表</title>
<!-- 使用导入映射表来告诉浏览器如何定位到导入的 vue -->
<script type="importmap">
  {
    "imports": {
```

```
        "vue": "https://unpkg.com/vue@3/dist/vue.esm-browser.js"
    }
  }
</script>
</head>
<body>
<div id="app">
  <h1>hello {{text}}</h1>
  <button @click="changeText">改变文本</button>
</div>
</body>
<script type="module">
import { createApp,ref } from 'vue'
  const app = createApp({
    setup() {
      let text=ref("world!");
      function changeText() {
        text.value = 'Vue 3!';
      }
      return {text,changeText}
    }})
  app.mount('#app');
</script>
</html>
```

3.8　Vue Devtools 工具的使用

　　Vue Devtools 工具的安装已在第 1 章中介绍过。下面介绍其使用方法：在 VS Code 的文件资源管理器中右击示例 3-8 文件，在弹出的菜单中单击 "Open With Live Server" 选项，在 Chrome 浏览器中运行该示例文件。按键盘上的 F12 键打开开发者工具，在开发者工具的工具栏中选中 Vue 选项，打开 Vue Devtools 工具面板，如图 3-4 所示。在该界面中单击 App1 应用，接着单击<Root>根组件，便能显示该组件的 setup 函数中定义的数据和函数。在页面上单击 "改变文本" 按钮，页面上的值变化时，Vue Devtools 界面中也能看到对应数据 text 值的变化，在 Vue Devtools 界面中修改 text 值，页面上的值也随之变化，从而方便进行调试。

图 3-4 Vue Devtools 工具面板

Vue Devtools 工具可以展示出多个组件的层级结构、当前组件的状态等。

3.9 Vue 组件基础

示例 3-2 至示例 3-8 中只有一个根组件(Root)，在实际应用开发中，如果整个应用都在根组件中开发，随着应用规模的增大，根组件会变得庞大且复杂。所有的功能和界面逻辑都集中在一个组件中，会造成代码结构混乱、难以维护及难以扩展等诸多问题。所以 Vue 框架将应用拆分成组件。

在 Vue 中组件是构成页面的独立结构单元，它是从 UI 界面的角度来进行划分的。Vue 可以把网页分割成很多组件，组件主要以页面结构形式存在，每个组件都包含属于自己的 HTML、CSS、JavaScript。不同组件之间具有交互功能，根据业务逻辑实现复杂的项目功能。

使用独立可复用的小组件来构建大型应用，整个项目开发的过程就是搭积木，几乎任意类型应用的界面都可以抽象为一个组件树，如图 3-5 所示。

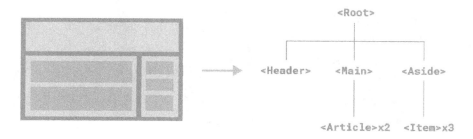

图 3-5 组件树

示例 3-9　组件的层级结构示例，代码如下：

```
<!doctype html>
<html>
<head>
<meta charset="utf-8">
<title>组件体验</title>
<!-- 使用导入映射表(Import Maps)来告诉浏览器如何定位到导入的 vue -->
<script type="importmap">
  {
    "imports": {
      "vue": "https://unpkg.com/vue@3/dist/vue.esm-browser.js"
    }
  }
</script>
</head>
<body>
<div id="app">
  <h1>hello {{text}}</h1>
   <button @click="changeText">改变文本</button>
  <Success></Success>
</div>
<template id="success">
  <div>
    <h1>VUE3 体验{{test}}</h1>
  </div>
</template>
</body>
<script type="module">
  import { createApp,ref } from 'vue'
 const app = createApp({
    setup() {
      let text=ref("world!");
      function changeText() {
        text.value = 'Vue3!';
      }
      return {text,changeText}
    }
  })
app.component("Success", {
```

```
        template: "#success",
        setup(){
          const test=ref(100)
          return {test}
        }
      })
    app.mount('#app');
    </script>
    </html>
```

示例中调用 app.component()方法，同时传递了一个组件名字符串(Success)及组件的定义，把 Success 注册成全局组件。在根组件的模板中通过组件名 Success 标签调用该组件，该组件即是根组件的子组件。

在 Chrome 浏览器中运行该示例文件，按键盘上的 F12 键打开开发者工具，在开发者工具的 Elements 视图中，可以看到 Success 组件已经被渲染到网页中，如图 3-6 所示。

图 3-6　运行效果

在开发者工具的工具栏中选中 Vue 选项，打开 Vue Devtools 工具面板如图 3-7 所示。在组件层级上显示 Root 组件下还有 Success 组件，单击 Success 组件，该组件的相关数据信息会显示在下方。

图 3-7   Vue Devtools 工具面板

第 4 章 Vue 指令

Vue 指令是 Vue 的核心概念之一，指令在 Vue.js 中的地位非常重要。

4.1 指令概述

Vue 是基于 MVVM 模型实现的一套框架，Vue 的 MVVM 模型如图 4-1 所示。

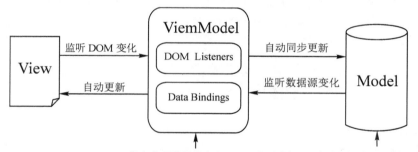

图 4-1　Vue 的 MVVM 模型

Vue 的 MVVM 模型涉及两个主要方面：数据绑定和 DOM 监听。

1. 数据绑定(Data Binding)

Vue 实现了数据绑定，这是 MVVM 模型的核心特征之一。在 Vue 中，Model(数据层)通过数据绑定实时反映到 View(视图层)。具体而言，Vue 使用了响应式数据系统，即当 Model 中的数据发生变化时，相关的视图会自动更新，反之亦然。这种双向绑定的特性使得开发者能够更轻松地管理和同步数据，无须手动操作 DOM。

2. DOM 监听(DOM Listener)

Vue 也实现了 DOM 监听，即通过监听 DOM 的变化来触发相应的操作。当用户与页面交互，或者其他事件导致 DOM 发生改变时，Vue 能够监听这些变化，自动同步更新数据。这保证了数据和视图之间的一致性，同时避免了手动处理繁琐工作。

Vue 把实现数据绑定和 DOM 监听的功能封装成指令，使用一种基于 HTML 的模板语法，声明式地将数据绑定到呈现的 DOM 上。在该模板语法规则中，使用文本插值和指令将 HTML 结构和动态数据整合在一起。

文本插值是指将变量或表达式的值动态地嵌入文本中。在 Vue 中，文本插值使用双花括号{{ }}进行标识。

在 HTML 的模板语法中，以 v-开头的属性称为指令，指令用来扩展 HTML 和操作 DOM。Vue 提供了 15 条指令。

4.2 数据绑定

4.2.1 文本节点数据绑定

1. 数据绑定方式

在 HTML 结构中的文本节点用于显示页面的文本内容，动态变化的文本内容用数据绑定来控制。有如下三种方式可实现文本内容的数据绑定。

1) 文本插值

文本插值是最基本的数据绑定形式，使用文本插值的语法：

　　<标签>{{setup()暴露的属性}}</标签>

例如：

　　<p>hello {{text}}</p>

{{setup()暴露的属性}}会被渲染为对应属性的值。无论何时，只要绑定的属性的值发生了改变，插值处的内容就会更新。"{{ }}"文本插值会将数据解释为普通文本，而非 HTML 代码。

2) v-text 指令

v-text 指令绑定的数据也会被当成纯文本输出。使用 v-text 指令的语法：

　　<标签 v-text=" setup()暴露的属性"></标签>

例如：

　　<p v-text="text"></p>

3) v-html 指令

v-html 指令方式绑定的数据可以包含 HTML 标签，并且将以 HTML 标签的方式渲染出来。使用 v-html 指令的语法：

　　<标签 v-html="setup()暴露的属性"></标签>

例如：

```
<p v-html="text"></p>
```

示例 4-1　文本插值、v-text、v-html 三种文本节点数据绑定示例代码如下：

```
<!DOCTYPE html>
<html>
  <head>
    <title>文本节点数据绑定</title>
    <!-- 使用导入映射表(Import Maps)来告诉浏览器如何定位到导入的 vue -->
    <script type="importmap">
      {
        "imports": {
          "vue": "https://unpkg.com/vue@3/dist/vue.esm-browser.js"
        }
      }
    </script>
  </head>
  <body>
    <div id="app">
      <p>hello {{text}}</p>
      <p v-text="text">hello</p>
      <p v-html="text">hello</p>
      <p>hello {{text1}}</p>
      <p v-text="text1">hello</p>
      <p v-html="text1">hello</p>
    </div>
    <script type="module">
      import { createApp, ref } from "vue";
      const app = createApp({
      setup() {
        const text = ref("world!");
        const text1 = ref("<strong>world!</strong>");
        return { text, text1 };        //setup()暴露需要在模板中使用的属性
      },
      });
      app.mount("#app");
    </script>
  </body>
</html>
```

注：在后续示例中，head 部分的代码不再给出，默认使用导入映射表导入 Vue。

在 VS Code 的文件资源管理器中右击该示例文件，在弹出的菜单中单击"Open With

Live Server"选项，就能打开浏览器运行该文件。

注：在后续示例介绍中，运行示例操作步骤简写为"在 VS Code 中用'Live Server'运行该示例或在浏览器中运行"。

浏览器中显示 6 行信息，代码与显示信息的对应关系如图 4-2 所示。

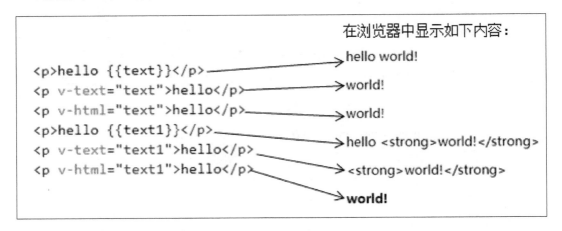

图 4-2　代码与显示信息的对应关系

2. 方式区别

以示例 4-1 为例来分析"{{ }}"文本插值、v-text、v-html 三种方式之间的区别。

1)"{{ }}"文本插值的特殊之处

"{{ }}"文本插值只影响插值所在位置的文本，而不会重写整个文本节点的内容；而 v-text 和 v-html 将重写整个文本节点的内容。示例中"<p>hello {{text}}</p>"渲染出的是"hello world!"，而"<p v-text = "text">hello</p>""<p v-html = "text">hello</p>"渲染出的是"world!"。

2) v-html 指令方式的特殊之处

v-html 指令方式绑定的文本可以包含 HTML 标签，并且将以 HTML 标签的方式渲染出来。示例中"<p v-html = "text1">hello</p>"渲染出加粗的"world!"，而其他两种方式仅仅是将包含的 HTML 标签以普通文本的方式进行显现。示例中"<p>hello {{text1}}</p>"渲染出的是"helloworld!"，而"<p v-text = "text1">hello</p>"渲染出的是"world!"。

3)"{{ }}"文本插值与 v-text 指令对比

在网络延迟较为严重时，"{{ }}"文本插值方式会先将插值表达式以文本的方式渲染出来，等到 JavaScript 脚本加载后，重新显现出所绑定的文本内容；而 v-text 方式在 JavaScript 脚本未加载的情况下什么都不会显现。

示例 4-2　代码如下：

```
<body>
    <div id="app">
    <p>hello {{text}}</p>
```

```
        <p v-text="text">hello</p>
    </div>
    <script type="module">
        import { createApp, ref } from "vue";
        const app=createApp({
        setup(){
            const text=ref("world!")
            return { text }
          }
        })
      app.mount('#app');
    </script>
    </body>
```

在 VS Code 中用"Live Server"运行该示例，在浏览器中打开开发者工具并切换到"Network"界面，选择"Slow 3G"选项，模拟网络延迟效果如图 4-3 所示。

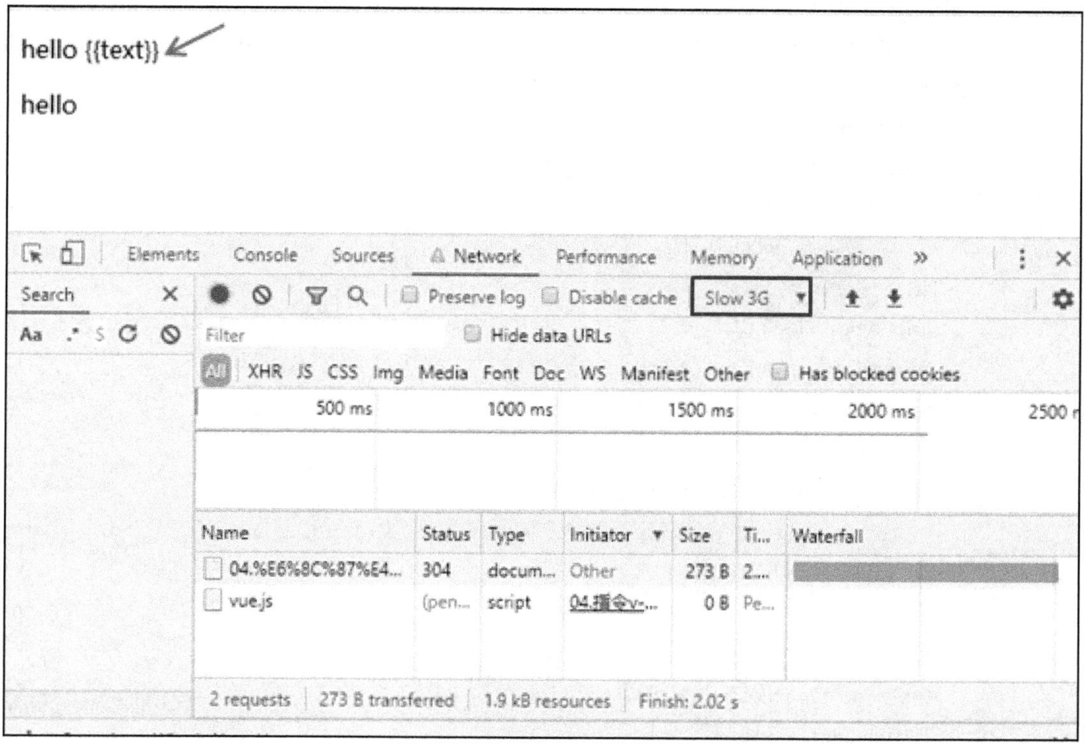

图 4-3　摸拟网络延迟效果

为解决插值表达式闪烁的问题，可以使用 v-cloak 指令，并结合 display 样式来解决。即先把{{ }}模板表达式隐藏起来，直到获得数据才显示。示例 4-2 修改如下：

```
    <style>
```

```
    [v-cloak]{ display: none; }
  </style>
<body>
    <div id="app">
      <p v-cloak>hello {{text}}</p>
      <p v-text="text">hello</p>
  </div>
<script type="module">
…
```

 ### 4.2.2　属性节点数据绑定

在 HTML 结构中除了文本节点,还有一种很重要的属性节点,即使用 v-bind 指令给属性绑定动态数据。其语法如下:

　　<标签 v-bind:属性名="表达式" >或简写成<标签 :属性名="表达式" >

示例 4-3　通过 v-bind 动态绑定 img 标签的 src 和 alt 属性,代码如下:

```
<body>
  <div id="app">
    <img v-bind:src="imgUrl" v-bind:alt="altText" />
    <!-- 简写 -->
      <!-- <img :src="imgUrl" :alt="altText"> -->
  </div>
  <script type="module">
    import { createApp, ref } from "vue";
    const app = createApp({
      setup() {
        const imgUrl = ref("img/1.png");
        const altText = ref("垃圾分类源自点滴,完美环境始于言行。");
        return { imgUrl, altText };
      },
    });
    const vm = app.mount("#app");
    setTimeout(() => {
      vm.imgUrl = "img/2.png";
      vm.altText = "垃圾要分类,生活变美好。";
    }, 2000);
  </script>
</body>
```

在 VS Code 中用"Live Server"运行该示例，可以看到经过 2 秒后，图片和文字都发生了变化。更改属性 imgUrl 及 altText 值，就可以动态修改 img 标签的 src 和 alt 属性值。

 ### 4.2.3 样式绑定

对于属性的数据绑定，一个常见的需求是操作元素的 class 属性和它的内联样式 style 属性。通过 v-bind 指令可绑定 style、class 属性，实现动态改变样式。

1. 绑定 class

给元素动态添加 class 属性，在元素标签中给 v-bind:class 属性传一个对象，可以用来动态切换 class。在对象中可以传入一个或多个属性来动态切换多个 class。其语法如下：

<标签 v-bind:class="{class 样式 1：表达式 1, class 样式 2：表达式 2,…}" >

上面的语法表示，class 样式 1、class 样式 2 等能否绑定取决于表达式值的真假。

示例 4-4 绑定 class 示例代码如下：

```
<body>
<div id="app">
 <div
   class="txtset"
   v-bind:class="{bgset:isBg,borderset:isBorder,colorset:isColor}"
   style="width: 150px; height: 150px">
   hello Vue
   </div>
</div>
<script type="module">
 import { createApp, ref } from "vue";
 const app = createApp({
   setup() {
     const isBg = ref(true);
     const isBorder = ref(true);
     const isColor = ref(false);
     return { isBg, isBorder, isColor };
   }
 });
 app.mount("#app");
 </script>
 <style>
 .txtset {font-size: 20px;text-align: center;line-height: 150px;}
 .bgset {background: red;}
```

```
        .borderset {border: solid blue 10px;}
        .colorset {color: white;}
    </style>
</body>
```

在 VS Code 中用"Live Server"运行该示例，在浏览器中的运行效果如图 4-4 所示。

图 4-4　运行效果

图 4-4 中，所设置的 style 样式生效，设置的 class 样式除 colorset 设置的字体白色没有生效外，其他都生效了。在浏览器中打开开发者工具，在 Elements 面板中找到 div 元素，可以看到 class = "txtset bgset borderset"，只有这三个 class 样式绑定在该元素上。

示例中给 div 标签静态添加了一个 class 属性，class = "txtset"，"txtset"样式绑定在 div 元素上，通过 v-bind:class 动态地添加三个 class 样式：

　　　v-bind:class="{ bgset:isBg,borderset:isBorder,colorset:isColor}"

这三个 class 样式是否绑定在 div 标签上，取决于这三个 class 样式对应的 isBg、isBorder、isColor 数据属性的值是否为 true。因为 isBg、isBorder 的值为 true，所以 bgset、borderset 绑定在 div 元素上；而 isColor 的值为 false，所以 colorset 没有绑定在 div 元素上。

从该示例中可以看出，v-bind:class 指令可以与普通的 class 属性共存，开发时静态样式用 class 绑定，动态样式用 v-bind:class 或:class 绑定。

v-bind:class 的值还支持数组形式,可以把一个数组传给 v-bind:class,用于应用一个 class 列表。例如:v-bind:class = "['bgset','borderset']" 给元素静态绑定这两个样式,如要某个 class 样式动态绑定,即根据条件来应用列表中的 class,可用三元运算方式来实现:

　　　v-bind:class="[isBg?'bgset':'' , isBorder?'borderset':'' , isColor?'colorset':'']"

2. 绑定 style

给元素动态绑定 style 样式用 v-bind:style。在元素标签中给 v-bind:style 属性传一个对象,在对象中可以传入一个或多个属性来动态切换多个样式属性,其语法如下:

　　　<标签 v-bind: style="{样式属性:表达式|样式属性值,…}" >

如要某个样式动态绑定,即根据条件应用对象中的样式,可用三元运算方式来实现。

示例 4-5　绑定 style 示例代码如下:

```
<body>
<div id="app">
  <div
    style="width: 150px; height: 150px"
    v-bind:style="{border:bdSet,
fontSize:'20px',background:isRed?redColor:''}">
    hello Vue
  </div>
</div>
<script type="module">
  import { createApp, ref } from "vue";
  const app = createApp({
    setup() {
      const bdSet = ref("solid blue 10px");
      const redColor = ref("red");
      const isRed = ref(true);
      return {bdSet,redColor,isRed };
    }
  });
  app.mount("#app");
</script>
</body>
```

在 VS Code 中用“Live Server”运行该示例,在浏览器中的运行效果及在开发者工具中的 Elements 选项卡中查看到的样式绑定情况如图 4-5 所示。

图 4-5　运行效果

　　将 v-bind:style 直接绑定到一个样式对象通常会更好，这会让模板更加清晰。v-bind:style 的数组语法可以将多个样式对象应用到同一个元素上。如要根据条件应用样式对象，可用三元运算方式来实现。

　　示例 4-6　绑定 style 示例代码如下：

```html
<body>
  <div id="app">
    <div
      style="width: 150px; height: 150px"
      v-bind:style="[styleObj,isActive?activeStyleObj:'']">
      hello Vue
    </div>
  </div>
  <script type="module">
    import { createApp, ref} from "vue";
    const app = createApp({
      setup() {
        const styleObj = ref({
```

```
        textAlign: "center",
        lineHeight: "150px",
        border: "solid blue 10px",
      });
      const activeStyleObj =ref({
        color: "white",
        background: "red",
      });
      const isActive = ref(true);
      return {styleObj, activeStyleObj,isActive};
    }
  });
  app.mount("#app");
</script>
</body>
```

在 VS Code 中用 "Live Server" 运行该示例, 在浏览器中的运行效果及在开发者工具的 Elements 视图中查看到的样式绑定情况如图 4-6 所示。

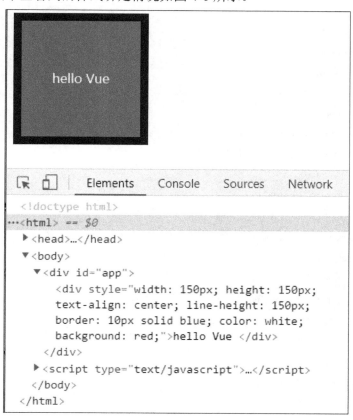

图 4-6　运行效果

4.2.4　条件渲染

条件渲染通过一定的逻辑判断，来确定视图中的 DOM 元素和组件是否参与视图渲染，即该元素或组件是否显示在视图中。

1. v-if 指令和 v-show 指令

v-if 和 v-show 都能控制元素的显示或隐藏。v-if 指令使用语法如下：

v-if="表达式"

其中，表达式的值是布尔值。v-if 指令用于有条件地渲染一块内容(一个或多个元素)，这块内容只会在指令的表达式返回 true 值时被渲染显示，在返回 false 值时元素被删除，转为注释。

v-show 指令的使用方法与 v-if 指令相同。其语法如下：

v-show="表达式"

其中，表达式的值是布尔值。v-show 指令根据表达式的值(true/false)来显示或隐藏元素。

示例 4-7　v-if 指令和 v-show 指令示例代码如下：

```
1 <body>
2   <div id="app">
3     <h3>v-if 指令</h3>
4     <p v-if="flag">hello world</p>
5     <p v-if="sign">你好,世界</p>
6     <h3>v-show 指令</h3>
7     <p v-show="flag">hello world</p>
8     <p v-show="sign">你好,世界</p>
9   </div>
10   <script type="module">
11    import { createApp, ref } from "vue";
12    const app = createApp({
13     setup() {
14       const flag = ref(true);
15       const sign = ref(false);
16       return { flag, sign };
17     }
18    });
19    app.mount("#app");
20   </script>
21 </body>
```

在 VS Code 中用"Live Server"运行该示例，在浏览器中的运行效果及在开发者工具的 Elements 视图中查看到的元素 DOM 的情况如图 4-7 所示。

图 4-7　运行效果

分析：代码第 5 行的 p 元素用 v-if 控制渲染，v-if="sign"中表达式的值为 false，所以该元素没有显示，在 DOM 树中也不存在该节点；代码第 8 行的 p 元素用 v-show 控制渲染，v-show = "sign"中表达式的值为 false，所以该元素没有显示，但在 DOM 树中是存在该节点的，只是通过 CSS 样式属性 display:none 不显示该元素。

v-if 和 v-show 的最主要区别在于前者是增删 DOM，而后者只是控制 display 样式。因为 v-if 增删 DOM 节点，所以运行成本高，常用于初始化。若需要较频繁地切换显隐状态(例如操作下拉菜单)，则可以用 v-show。

2．v-if、v-else-if 和 v-else

v-else 指令充当 v-if 的"else 块"，v-else-if 指令充当 v-if 的"else-if 块"，它们都应用于同级元素，否则会报错。

示例 4-8　v-if、v-else-if 和 v-else 指令示例代码如下：

```
<body>
    <div id="app">
        <h3>挂科否?</h3>
        <p v-if="pass">通过</p>
        <p v-else>挂科</p>
        <h3>成绩等级</h3>
```

```
      <p v-if="score>=90">优</p>
      <p v-else-if="score>=80">良</p>
      <p v-else-if="score>=70">中</p>
      <p v-else-if="score>=60">及格</p>
      <p v-else>不及格</p>
    </div>
    <script type="module">
      import { createApp, ref } from "vue";
      const app = createApp({
        setup() {
          const score = ref(90);
          const pass = ref(false);
          return { score, pass };
        }
      });
      app.mount("#app");
    </script>
  </body>
```

在 VS Code 中用"Live Server"运行该示例,在浏览器中的运行效果及在开发者工具的 Elements 选项卡查看到的元素 DOM 的情况如图 4-8 所示。

图 4-8　运行效果

Vue 会尽可能高效地渲染元素,它通常会复用已有元素而不是从头开始渲染。这么做除了使 Vue 变得非常快之外,还有其他一些好处,如减少 DOM 操作开销、保持元素状态等。

示例 4-9　用户在不同登录方式之间切换的示例代码如下：

```
<body>
  <div id="app">
    <div v-if="loginType === 'username'">
      <label >用户名</label>
      <input placeholder="请输入用户名" />
    </div>
    <div v-else>
      <label>邮箱</label>
      <input placeholder="请输入 E-mail" />
    </div>
  </div>
  <script type="module">
    import { createApp, ref } from "vue";
    const app = createApp({
      setup() {
        const loginType = ref("username");
        return { loginType};
      },
    });
    const vm=app.mount("#app");
  </script>
</body>
```

在 VS Code 中用"Live Server"运行该示例，在浏览器中的运行效果及在开发者工具的 Elements 选项卡查看到的元素 DOM 的情况如图 4-9 所示。

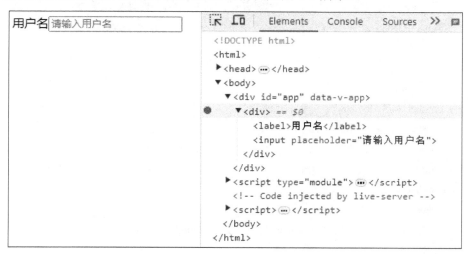

图 4-9　运行效果

在开发者工具的"Elements"面板中找到包含<input>元素的父级元素<div>，在该<div>元素上右击，选择"Break on"→"subtree modifications"，在 div 这里设置断点，如图 4-9 所示。设置此断点后，当 div 元素发生子树修改时将中断代码的执行。切换到"Vue"面板，修改 loginType 的值为"email"，如图 4-10 所示。运行程序，观察程序是否发生中断。如果在切换 loginType 的值时程序发生中断，说明 Vue 正在重新渲染子元素；如果没有发生中断，说明 Vue 缓存了相同的元素实例。

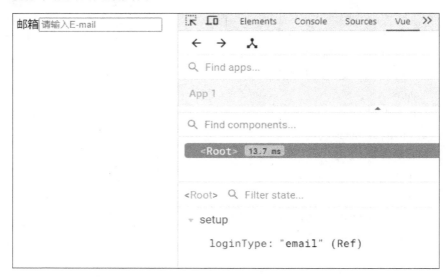

图 4-10　在 Vue 调试工具修改数值

　　切换 loginType 的值时程序并没有发生中断，说明 Vue 缓存了相同的元素实例。loginType 的值改变后，如果 v-if 的条件表达式为假，就会执行 v-else 里面的内容。因为两个模板使用了相同的元素，<input>元素不会被替换，仅仅是替换了它的 placeholder 属性值，<label>元素复用的只是替换了的文本。Vue 会缓存同级元素相同的一个实例，不会重新渲染。

　　Vue 提供了一种方式来表达"这两个元素是完全独立的，不要复用它们"。这种方式就是添加一个具有唯一值的 key 属性。例如：给示例 4-9 中的 input 元素加上 key 属性，代码如下：

```
<body>
  <div id="app">
    <template v-if="loginType === 'username'">
      <label>用户名</label>
      <input placeholder="请输入用户名" key="username-input" />
    </template>
    <template v-else>
      <label>邮箱</label>
      <input placeholder="请输入 E-mail" key="email-input" />
    </template>
  </div>
```

```
<script type="module">
  import { createApp, ref } from "vue";
  const app = createApp({
    setup() {
      const loginType = ref("username");
      return { loginType };
    }
  });
  app.mount("#app");
</script>
</body>
```

在开发者工具的"Elements"面板中找到包含<input>元素的父级元素<div>，在该<div>元素上右击，选择"Break on"→"subtree modifications"，在此处设置断点。切换到"Vue"面板，修改 loginType 的值为"email"时，程序在 div 发生子树修改时将中断，效果如图 4-11 所示。

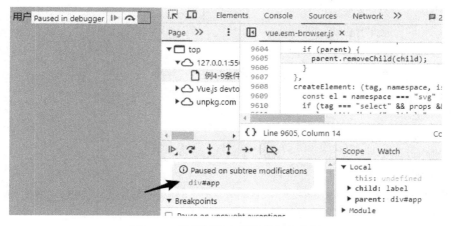

图 4-11　因子树修改而发生程序中断

增加了 key 属性后，当更改 loginType 的值为"email"时，输入框将被重新渲染。

 ## 4.2.5　列表渲染

列表渲染用来输出一个循环的结构，以便把重复的元素一次性批量输出到视图中。

(1) v-for 指令基于一个数组来渲染一个列表。其语法如下：

```
<标签 v-for ="item in items" >
```

其中，items 是源数据数组，item 参数是被迭代的数组元素的别名。v-for 还支持一个可选的第二参数。其语法如下：

```
<标签 v-for="(item, index) in items">
```

第二参数 index 是当前项的索引。

示例 4-10　v-for 指令基于一个数组来渲染一个列表，示例代码如下：

```
<body>
  <div id="app">
    <h4>一个参数</h4>
    <p v-for="item in idiom">{{item}}</p>
    <h4>两个参数</h4>
    <p v-for="(item,index) in idiom">{{index}}-{{item}}</p>
  </div>
  <script type="module">
    import { createApp, ref } from "vue";
    const app = createApp({
      setup() {
        const idiom = ref([
          "胸有成竹",
          "竹报平安",
          "安富尊荣",
          "荣华富贵"
        ]);
        return { idiom };
      }
    });
    app.mount("#app");
  </script>
</body>
```

在 VS Code 中用"Live Server"运行该示例，在浏览器中的运行效果及在开发者工具的 Elements 选项卡查看到的元素 DOM 情况如图 4-12 所示。

图 4-12　运行效果

（2）v-for 指令基于一个对象来渲染一个列表。其语法如下：

　　　<标签 v-for =" value in object" >

其中，object 是源数据对象，value 参数是被迭代的对象中的属性值(键值)的别名。

v-for 还支持一个可选的第二参数，其语法如下：

　　　<标签 v-for=" (value, name) in object" >

第二参数 name 是被迭代的对象中的属性名(键名)。

v-for 还可以用第三参数 index 作为索引。其语法如下：

　　　<标签 v-for=" (value, name, index) in object ">

示例 4-11　v-for 指令基于一个对象来渲染一个列表的示例代码如下：

```html
<body>
  <div id="app">
    <h4>一个参数</h4>
    <p v-for="value in peom">{{value}}</p>
    <h4>两个参数</h4>
    <p v-for="(value,key) in poem">{{key}}:{{value}}</p>
    <h4>三个参数</h4>
    <p v-for="(value,key,index) in poem">{{index}}.{{key}}:{{value}}</p>
  </div>
  <script type="module">
    import { createApp, ref } from "vue";
    const app = createApp({
      setup() {
        const poem= ref({
          title: "悯农",
          author: "李绅",
          body: "锄禾日当午，汗滴禾下土。谁知盘中餐，粒粒皆辛苦。"
        });
        return { poem };
      }
    });
    app.mount("#app");
  </script>
</body>
```

在 VS Code 中用"Live Server"运行该示例，在浏览器中的运行效果及在开发者工具的 Elements 选项卡查看到的元素 DOM 的情况如图 4-13 所示。

图 4-13　运行效果

(3) v-for 指令基于一个数字来渲染一个列表。其语法如下：

<标签 v-for =" count in 数值" >

其中，count 值从 1 开始。

示例 4-12　v-for 指令基于一个数字来渲染一个列表，示例代码如下：

```html
<body>
    <div id="app">
     <ul>
      <li v-for="count in shu">第{{count}}列表项</li>
     </ul>
    </div>
    <script type="module">
     import { createApp, ref } from "vue";
     const app = createApp({
       setup() {
         const shu = ref(5);
         return { shu };
       }
     });
```

```
    app.mount("#app");
  </script>
</body>
```

在 VS Code 中用 "Live Server" 运行该示例，在浏览器中的运行效果及在开发者工具的 Elements 选项卡查看到的元素 DOM 的情况如图 4-14 所示。

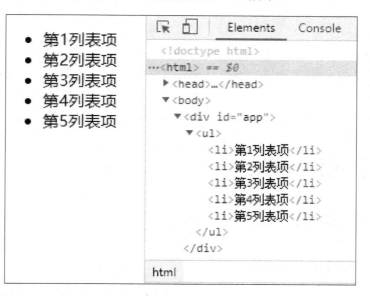

图 4-14　运行效果

4.2.6　v-pre 指令和 v-once 指令

v-pre 指令可以用来显示原始的模板表达式，而不是编译它们。v-once 指令只渲染元素和组件一次，可用于优化更新性能。

示例 4-13　v-pre 指令和 v-once 指令示例代码如下：

```
<body>
 <div id="app">
  <h1>{{ msg }}</h1>
  <!-- 不编译文本插值模板表达式 -->
  <h1 v-pre>{{ msg }}</h1>
  <!-- 只渲染一次-->
  <h1 v-once>{{ msg }}</h1>
 </div>
 <script type="module">
   import { createApp, ref } from "vue";
   const app = createApp({
```

```
    setup() {
      const msg = ref("Hello World!");
      return { msg };
    }
  });
  app.mount("#app");
 </script>
</body>
```

在浏览器中运行程序，<h1 v-pre>{{ msg }}</h1>中的{{msg}}没有被编译。在 Vue 的调试工具中修改 msg 的值，<h1>{{ msg }}</h1>中的{{msg}}被重新渲染了，而<h1 v-once>{{ msg }}</h1>中的{{msg}}没有被重新渲染，如图 4-15 所示。

图 4-15 运行效果

4.3 数据双向绑定

在 Web 应用中，经常会使用表单向服务器端提交一些数据。在 Vue.js 中可以使用 v-model 指令同步用户输入的数据到 model(数据模型)中。v-model 指令在<input>、<textarea> 等表单元素上创建双向数据绑定，通过为不同的表单输入元素绑定不同的属性并触发不同的事件来更新元素。

4.3.1 input 和 textarea 元素

对于 input 和 textarea 元素，v-model 指令绑定的是元素的 value 属性。当 value 值改变时，触发 input 事件，事件触发时 value 值同步到 model 中的数据；而当 model 中的数据改变时会同步到元素的 value 值，实现数据的双向绑定。其语法格式如下：

  v-model=' setup()暴露的属性'

v-model 会忽略 input 和 textarea 元素的 value 初始值，而总是将 setup()暴露数据作为数据来源。

  示例 4-14 input 和 textarea 元素数据双向绑定示例代码如下：

```
<body>
  <div id="app">
    <p>姓名：<input type="text" v-model="userInfo.name" /></p>
    <p>邮箱：<input type="text" v-model="userInfo.email" /></p>
    <p>
     简历：
     <textarea v-model="userInfo.resume" cols="20" rows="5"></textarea>
    </p>
    <p>----同步信息显示----</p>
    <p>姓名：{{userInfo.name}}</p>
    <p>邮箱：{{userInfo.email}}</p>
    <p>简历：{{userInfo.resume}}</p>
  </div>
  <script type="module">
    import { createApp, ref } from "vue";
    const app = createApp({
      setup() {
       const userInfo = ref({
         name: "",
         email: "@",
         resume: "我是",
       });
       return { userInfo };
      }
    });
    app.mount("#app");
  </script>
</body>
```

在浏览器中运行程序，当输入姓名"tom"和另两项的数据时，文本绑定的相应信息都会同步显示。在 Vue 的调试工具中更改 name 值为"marry"，姓名文本框的 value 值会同步更新，文本框显示"marry"，效果如图 4-16 所示。

图 4-16   运行效果

4.3.2   radio 和 checkbox 元素

对于 radio 元素和 checkbox 元素，v-model 指令绑定的是元素的 value 属性。当单击选择改变 value 值时，触发 change 事件。checkbox 元素可以多选，此时需要接收多个 value 值，在 setup()函数中要申明一个数组来绑定。当 change 事件被触发时，value 属性值同步到绑定的数据源，当绑定的数据源改变时，则会同步到 checked 属性，从而实现数据的双向绑定。radio 元素和 checkbox 元素初始值为绑定的数据源的值。

多个选项的 checkbox 元素绑定的值为数组，而一个选项的 checkbox 元素绑定的值为布尔值。

示例 4-15   radio 和 checkbox 元素数据双向绑定示例代码如下：

```
<body>
<div id="app">
  <p>
    性别：
    <input v-model="userInfo.sex" name="sex" value="男" type="radio" /> 男
    <input v-model="userInfo.sex" name="sex" value="女" type="radio" />女
  </p>
  <p>
    爱好：
      <input v-model="userInfo.hobby" type="checkbox" value="看书" /> 看书
    <input v-model="userInfo.hobby" type="checkbox" value="打篮球" /> 打篮球
```

```
      <input v-model="userInfo.hobby" type="checkbox" value="看电影" /> 看电影
      <input v-model="userInfo.hobby" type="checkbox" value="听音乐" /> 听音乐
    </p>
    <p>
      婚否：
      <input v-model="userInfo.married" type="checkbox" value="已婚" />
    </p>
    <p>------选择的同步信息显示------</p>
    <p>性别：{{userInfo.sex}}</p>
    <p>爱好：{{userInfo.hobby}}</p>
    <p>婚否：{{userInfo.married}}</p>
  </div>
  <script type="module">
    import { createApp, ref } from "vue";
    const app = createApp({
      setup() {
        const userInfo = ref({
          sex: "男",
          hobby: ["看书", "看电影"],
          married: false,
        });
        return { userInfo };
      }
    });
    app.mount("#app");
    </script>
  </body>
```

在浏览器中运行程序。进行选择后，change 事件被触发，元素的 value 属性值同步到绑定的数据源，数据同步显示在下方，如图 4-17 所示。

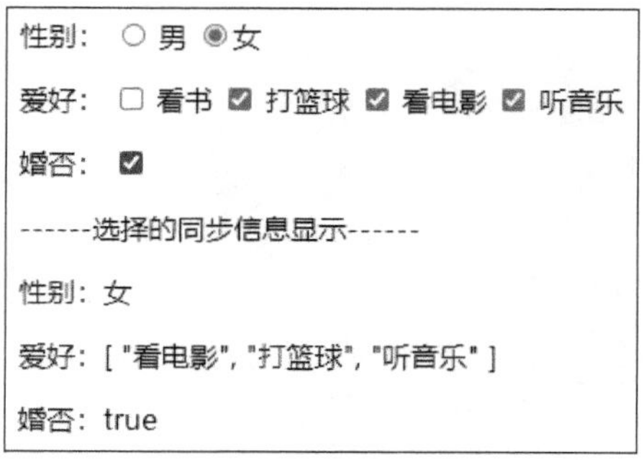

图 4-17 运行效果

在开发者工具中切换到"Vue"面板，在此面板中改变数据，对应的选项状态也随之改变，效果如图 4-18 所示。

图 4-18　运行效果

4.3.3　select 元素

对于 select 元素，v-model 指令绑定的是 value 属性。当 value 值改变时触发 change 事件，value 值同步到绑定的数据源；当绑定数据源改变时，则会同步到 value，从而实现数据的双向绑定。select 元素初始值为绑定的数据源的值。

示例 4-16　select 元素数据双向绑定代码如下：

```
<body>
<div id="app">
    <p>学历：
        <select v-model="education">
        <option value="博士研究生">博士研究生</option>
        <option value="硕士研究生">硕士研究生</option>
        <option value="本科">本科</option>
        <option value="专科">专科</option>
    </select>
</p>
<p>{{education}}</p>
```

```
    </div>
    <script src="js/vue.js" ></script>
    <script>
        var vm = new Vue({
          el: '#app',
          data: {
            education:"硕士研究生"
          }
        });
    </script>
  </body>
```

在浏览器中运行程序，选择框显示 education 的初始值为"硕士研究生"。在开发者工具中切换到"Vue"面板，在此面板中更改 education 值为"本科"；选择框的 value 值会同步更新，选择框显示"本科"，如图 4-19 所示。

图 4-19　运行效果

 ## 4.3.4　双向绑定修饰符

指令修饰符是用来改变指令行为的特殊后缀。它们以点号"."开头，紧跟在指令名称之后。下面介绍 v-model 指令的修饰符。

1．.lazy

在默认情况下，v-model 在每次 input 事件被触发后将输入框的值与数据源进行同步；添加 .lazy 修饰符后，v-model.lazy 只有在按回车键或者在输入框 onblur(失去焦点)时，才进行数据同步。

2．.number

如果要将用户的输入值自动转为数字类型，可以给 v-model 添加 .number 修饰符，但

v-model.number 只能输入数字。

3．.trim

如果要自动过滤用户输入的首尾空白字符，可以给 v-model 添加 .trim 修饰符，v-model.trim 可以去除前后空格。

示例 4-17　双向绑定修饰符示例代码如下：

```
<body>
  <div id="app">
    <h4>1.输入的数据：{{val1}}</h4>
    <input type="text" v-model.lazy="val1" />
    <h4>2.输入的数据：{{val2}}</h4>
    <input type="text" v-model.number="val2" />
    <h4>3.输入的数据：{{val3}}</h4>
    <input type="text" v-model.trim="val3" />
  </div>
  <script type="module">
    import { createApp, ref } from "vue";
    const app = createApp({
      setup() {
        const val1 = ref(0);
        const val2 = ref(0);
        const val3 = ref("");
        return { val1, val2, val3 };
      }
    });
    app.mount("#app");
  </script>
</body>
```

在浏览器中运行程序，依次在三个文本框中输入数据，效果如图 4-20 所示。

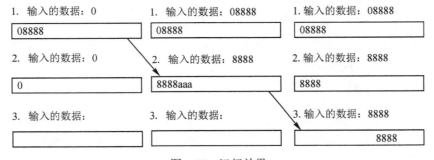

图 4-20　运行效果

分析：在第一个文本框中录入数据，文本框的数据并没有同步显示；当光标移动到第二个文本框时，第一个文本框就失去了焦点，这时才显示所录入的数字。这是因为

v-model.lazy 只有在按回车键或者 onblur(失去焦点)时，数据才进行同步。在第二个文本框中每输入一个数字就会同步显示，当输入的不是数字时就停止同步，这是因为 v-model.number 只能输入数字。在第三个文本框中输入时，先输入几个空格，然后再输入数字，只有数字同步显示，而前面输入的空格被忽略掉，这是因为 v-model.trim 可去除前后空格。

4.4 事件绑定

Vue 事件处理方法是采用 v-on 指令将事件绑定在当前页面的 ViewModel 上。无须在 JavaScript 中手动绑定事件，ViewModel 和 DOM 完全解耦，更易于测试。

4.4.1 监听事件

Vue 可以用 v-on 指令监听 DOM 事件，并在触发时运行一些 JavaScript 代码。其语法格式有如下两种：

(1) 把 JavaScript 代码直接写在 v-on 指令中。其语法格式如下：

  <标签 v-on:事件名='JavaScript 代码'>

(2) 在实际开发中，事件处理逻辑一般比较复杂，可把处理逻辑写成函数，v-on 指令可以接收需要 JavaScript 函数的调用。调用函数可分为无参数调用函数和有参数调用函数。

无参函数调用的语法格式：

  <标签 v-on:事件名='函数名称'>，

有参函数调用的语法格式：

  <标签 v-on:事件名='函数名称(参数)'>

"v-on:事件名"也可简写成"@事件名"。事件调用的函数在 setup()函数中要申明。

v-on 指令可以绑定元素所有的事件，每一种元素都有其对应的事件，只要通过 v-on 指令对事件进行绑定即可监听该事件。

示例 4-18 事件绑定示例代码如下：

```
<body>
    <div id="app">
      <button v-on:click="counter += 1">加 1</button>
      <button v-on:click="add">加 1</button>
      <p>按钮单击了 {{ counter }}次。</p>
      <button v-on:click="sayHello('Vue')">hello Vue!</button>
      <p>hello {{ message}}!</p>
    </div>
```

```
<script type="module">
  import { createApp, ref } from "vue";
  const app = createApp({
    setup() {
      const counter = ref(0);
      const message = ref("world");
      const add = (e) => {
        counter.value++;
        console.log(e);
      };
      const sayHello = (name) => {
        message.value = name;
      };
      return { counter, message, add, sayHello };
    }
  });
  app.mount("#app");
</script>
</body>
```

在浏览器中运行程序，三个按钮各单击了一次，运行效果及在开发者工具控制台中的显示效果如图 4-21 所示。

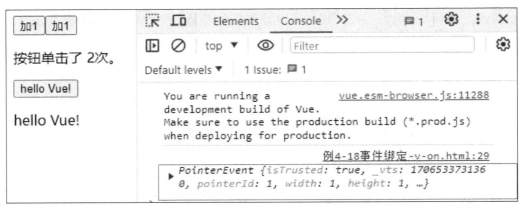

图 4-21　运行效果

分析：如果 v-on:click 调用的函数没有参数，则函数名后可以不需要括号()，如程序中的 v-on:click = "add"；如在定义时申明该方法有参数，如程序中 const add = (e) => {…}，则调用时默认传入原生的事件对象 event。所以在单击第二个按钮时，控制台输出了 PointerEvent 事件对象。直接在方法中接收事件对象，可以将其命名为 event 或任何其他合法的变量名，例如程序中 const add = (e) => {…}，事件对象命名为 e。

4.4.2   事件修饰符

事件修饰符在处理 DOM 事件时，通过在事件名后加上修饰符来改变事件的默认行为。Vue 提供了一些常用的事件修饰符，它们能够简化事件处理逻辑，提高开发效率。以下是一些常用的事件修饰符及其作用。

1．.stop 修饰符

通过.stop 修饰符可以停止事件在 DOM 层次结构上传播，即阻止事件冒泡。

（1）事件冒泡。

事件冒泡是指事件开始时由最具体的元素(文档中嵌套层次最深的那个节点)接收，然后逐级向上传播。

示例 4-19   事件冒泡示例代码如下：

```
<body>
    <div id="app">
        <div @click="func($event)">
            <input type="button" value="按钮 1" />
            <input type="button" value="按钮 2" />
            <input type="button" value="按钮 3" />
        </div>
    </div>
    <script type="module">
        import { createApp } from "vue";
        const app = createApp({
            setup() {
            const func = (event) => {
                console.log(event.target);
                console.log("冒泡中。。。 ");
            };
            return { func };
            }
        });
        app.mount("#app");
    </script>
</body>
```

在浏览器中运行程序，三个按钮各单击一次，运行效果及在开发者工具控制台中的显示效果如图 4-22 所示。

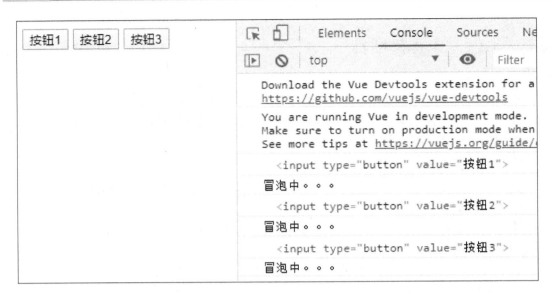

图 4-22　运行效果

分析：<div @click = "func($event)">调用事件处理函数时如果传入$event($event 是 Vue 中的一个特殊占位符，用于在模板中显式地传递事件对象)事件对象作为参数，在事件处理函数中就可以获取到事件对象，而事件对象的 target 属性获取触发该事件的元素节点。单击这三个按钮，事件都冒泡到父节点<div>上，触发该节点事件，所以在控制台中输出如图 4-22 所示的信息。

(2) 通过 .stop 修饰符阻止事件冒泡。

在绑定事件的后面添加修饰符 .stop，即可阻止事件冒泡，停止事件在 DOM 层次结构上传播。

示例 4-20　阻止冒泡示例代码如下：

```
<body>
  <div id="app">
    <div @click="func2">
      <div @click.stop="func1($event)">
        <input type="button" value="按钮 1" />
        <input type="button" value="按钮 2" />
        <input type="button" value="按钮 3" />
      </div>
    </div>
  </div>
  <script type="module">
    import { createApp} from "vue";
    const app = createApp({
      setup() {
```

```
        const func1 = (event) => {
          console.log(event.target);
          console.log("冒泡中。。。 ");
        };
        const func2 = (event) => {
          console.log(event.target);
          console.log("冒泡 2 中。。。 ");
        };
        return { func1, func2 };
      }
    });
    app.mount("#app");
  </script>
  </body>
```

单击这三个按钮，事件都冒泡到父节点<div>上，触发该节点事件，在控制台中输出如图 4-23 所示的信息。

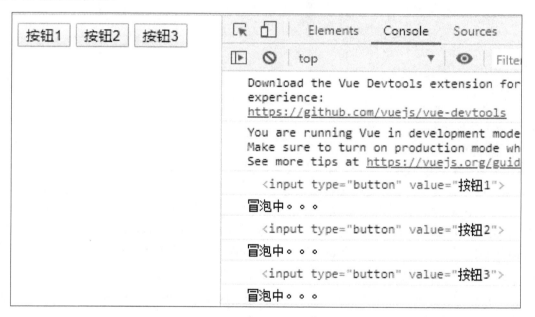

图 4-23　运行效果

在<div @click.stop = "func1($event)">中，click 事件名后添加了事件修饰符 .stop，该元素事件不再向上继续传播，从而阻止了事件继续冒泡。因此<div @click = "func2">元素上绑定的 click 事件没有被触发，func2 函数没有被执行。

2．.capture 修饰符

DOM 事件流分为冒泡事件流和捕获事件流，DOM 事件流默认的是冒泡事件流。而 .capture 所修饰的事件流为捕获事件流，即从外层元素向内层元素捕获事件。

示例 4-21　捕获事件流示例代码如下：

```
<body>
  <div id="app">
    <div @click.capture="box" :style="{border:'solid 2px red'}">
      <a href="http://www.baidu.com" @click.stop.prevent="links">百度</a>
    </div>
  </div>
  <script type="module">
    import { createApp, ref } from "vue";
    const app = createApp({
      setup() {
        const box = () => {
          alert("div");
        };
        const links = () => {
          alert("http://www.baidu.com");
        };
        return { box, links };
      }
    });
    app.mount("#app");
  </script>
</body>
```

　　在浏览器中运行程序，单击百度超链接，弹出内容为“div”的对话框，这是因为绑定在 div 的单击事件被触发，box 函数被执行；确定“div”的对话框后会弹出内容为“http://www.baidu.com”的对话框，绑定在 a 标签上的单击事件被触发，links 函数被执行。即内部元素 a 触发的事件先由父元素 div 处理，然后才交由内部元素 a 进行处理。事件流是捕获事件流，这是因为父元素 div 绑定的单击事件 click 增加了 .capture 修饰符。

3．.self 修饰符

　　.self 所修饰的事件，只有在绑定该事件的元素触发该事件时，才会触发事件处理函数，该事件不被冒泡或捕获触发。

示例 4-22　使用 .self 修饰的事件示例代码如下：

```
<body>
  <div id="app">
    <div @click.self="box()" id="box">
      <input type="button" value="按钮" @click="btn()" />
    </div>
  </div>
```

```
<script type="module">
  import { createApp } from "vue";
  const app = createApp({
    setup() {
      const box = () => {
        console.log("div");
      };
      const btn = () => {
        console.log("button");
      };
      return { box, btn };
    },
  });
  app.mount("#app");
</script>
<style>
  #box {
    border: 1px solid red;
    background-color: darkgray;
  }
</style>
</body>
```

在浏览器中运行程序，单击按钮，在控制台中只输出"button"。按钮的单击事件被触发，div 没有接收冒泡，div 上的单击事件没有被触发。单击 div，在控制台中只输出"div"，div 的单击事件被触发，而按钮的单击事件没有被触发。

4．.prevent 修饰符

在绑定事件的后面添加修饰符 .prevent，可阻止默认事件。

示例 4-23　使用 .prevent 阻止默认事件示例代码如下：

```
<body>
  <div id="app">
    <a href="http://www.baidu.com" @click="func">能访问百度</a></br>
    <a href="http://www.baidu.com" @click.prevent="func">不能访问百度</a></br>
    <a href="http://www.baidu.com" @click.prevent.once="func">第一次不能访问百度</a>
  </div>
  <script type="module">
    import { createApp,ref } from 'vue'
    const app = createApp({
      setup() {
```

```
            const func = () => {
                alert('百度！');
            }
        return { func }
    }})
    app.mount('#app');
</script>
</body>
```

在浏览器中运行程序，单击各超链接效果如下：

单击第一个超链接时，弹出对话框确认后，又跳转到百度首页，单击事件和超链接的默认单击跳转事件都执行了。

单击第二个超链接时，只弹出对话框，没有跳转到百度首页，每一次单击该链接都是同样的效果，这是因为程序中的第二个超链接给 click 单击事件增加了事件修饰符 .prevent，阻止了超链接的默认单击跳转事件。

第一次单击第三个超链接时，只弹出对话框，没有跳转到百度首页；从第二次单击开始，每次单击第三个超链接都没有弹出对话框，而是直接跳转到百度首页。这是因为第三个超链接中绑定的 click 事件增加了事件修饰符 .once，该事件只生效一次。

5．.once 修饰符

.once 所修饰的事件只生效一次。

可参见示例 4-23 中的第三个超链接绑定的事件。

6．键盘事件修饰符

在表单元素上监听键盘事件时，可以使用键盘修饰符。键盘修饰符可以用键的 keyCode 码，也可直接用键字符。比如，四个方向键上、下、左、右分别用 .up、.down、.left、.right 表示修饰符；.delete 修饰符用来捕获"删除"和"退格"键；.ctrl、.alt、.shift 这些按键修饰符可以组合使用，或和鼠标一起配合使用。

示例 4-24 按键修饰符示例代码如下：

```
<body>
    <div id="app">
        <input type="text" @keyup="fn" />
        <input type="text" @keyup.enter="fn" />
        <input type="text" @keyup.ctrl.b="fn" />
    </div>
    <script type="module">
        import { createApp, ref } from "vue";
        const app = createApp({
            setup() {
                const fn = () => {
                    console.log("按键了！");
```

```
        };
        return { fn };
      }
    });
    app.mount("#app");
  </script>
</body>
```

在浏览器中运行程序，在三个文本框中输入字符，运行效果及在开发者工具控制台中的显示效果如图 4-24 所示。

图 4-24　运行效果

在第一个文本框中输入字符时，每输入一个字符都会触发 keyup 事件，则 fn 函数执行；输入两个字符，fn 函数执行两次。

在第二个文本框中输入字符时不能触发 keyup 事件，只有按下回车键后才会触发 keyup 事件，fn 函数执行。

在第三个文本框中输入字符时不能触发 keyup 事件，只有按下 Ctrl+B 键后才会触发 keyup 事件，fn 函数执行。

7. 鼠标事件修饰符

鼠标的左、中、右键修饰符分别是 .left、.middle、.right。

示例 4-25　鼠标按键修饰符示例代码如下：

```
<body>
  <div id="app">
  <button @click.right.prevent="fn">右击触发</button>
  </div>
  <script type="module">
    import { createApp} from "vue";
    const app = createApp({
      setup() {
```

```
        const fn = () => {
          alert("右击触发");
        };
        return { fn };
      }
    });
    app.mount("#app");
  </script>
</body>
```

在浏览器中运行程序，鼠标右击，按钮的 click 事件被触发，fn 函数执行，弹出对话框。在绑定 click 事件的同时增加的 .prevent 事件修饰符是用来阻止鼠标右击时调出系统菜单的默认事件。

第 5 章　Vue 常用组合式 API

Vue3 中的组合式 API 是一组函数,提供了一种新的组织和重用组件程序的方式。在前面的第 3 章中已经简单介绍过其中的 setup 和 ref 两个函数,本章将介绍组合式 API 中一些常用的核心函数。

5.1　setup 函数

setup 函数是 Vue3 中组合式 API 的核心部分之一,用于设置和配置组件的程序,它在组件实例创建的过程中首先被调用。在 setup 函数内部,可以执行以下操作。

1. 返回响应式数据

使用 ref、reactive、computed 等响应式 API 创建响应式数据,并将其返回。这些数据在模板中可用,并在发生变化时触发组件重新渲染页面。

2. 提供数据和方法给模板使用

通过 return 语句返回一个对象,对象中的属性和方法将会成为模板中的变量和函数。模板中事件调用的函数都在 setup 中定义,定义的函数(或称之为方法)一般作为事件的回调函数使用。

示例 5-1　已知单价和数量求合计金额,效果如图 5-1 所示。

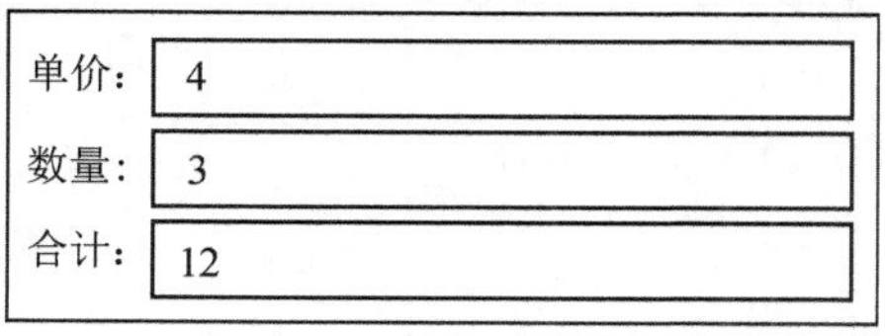

单价:	4
数量:	3
合计:	12

图 5-1　运行效果

示例分析:数量或价格改变,都需要重新计算合计金额。这就需要监听到单价和数量的改变,才能计算合计。在单价的文本框输入数据时,键盘事件可以监听到单价的改变;在数量 number 控件中,change 事件可以监听到数量的改变;合计值则在事件的回调函数中计算。示例代码如下：

```html
<!DOCTYPE html>
<html lang="en">
  <head>
    <meta charset="UTF-8" />
    <!-- 使用导入映射表(Import Maps)来告诉浏览器如何定位到导入的 vue -->
    <script type="importmap">
      {
        "imports": {
          "vue": "https://unpkg.com/vue@3/dist/vue.esm-browser.js"
        }
      }
    </script>
  </head>
  <body>
    <div id="app">
      单价:<input type="text" v-model.number="price" @keyup="sum()" />
      <br />
      数量:<input type="number" v-model="count" @change="sum()" />
      <br />
      合计:<input type="text" v-model="total" />
    </div>
    <script type="module">
      import { createApp, ref } from "vue";
      const app = createApp({
        setup() {
          const price = ref(0);
          const count = ref(1);
          const total = ref(1);
          const sum = () => {
            total.value = price.value * count.value;
          };
          return { price, count, total, sum };
        }
      });
      app.mount("#app");
    </script>
  </body>
</html>
```

注：在后续示例中 head 部分的代码不再给出，默认使用导入映射表导入 Vue。

在 VS Code 的文件资源管理器中右击该示例文件，在弹出的菜单中单击“Open With Live Server”选项，就能打开浏览器运行该文件。该文件在浏览器中运行效果如图 5-1 所示。

上述示例在 setup 中定义了 sum 函数，在 keyup、change 事件触发时调用 sum 函数。每次数据改变，就触发事件，执行 sum()函数。

3. 生命周期钩子

在 setup 函数中，可以访问到组件的生命周期钩子，例如 onMounted、onUpdated、onUnmounted，示例代码如下：

```
import { onMounted, onUnmounted } from 'vue';
setup() {
  onMounted(() => {
    console.log('mounted');
  });
  onUnmounted(() => {
    console.log('unmounted');
  });
  // ...
}
```

生命周期及生命周期钩子将在 5.6 节详细讲述。

5.2　计算属性

模板是用来描述视图结构的，通常我们会在模板中绑定表达式。模板中的表达式虽然方便，但只能用来做简单的操作。如果模板中的表达式存在过多的程序，模板就会变得复杂，不便于维护。因此，为了简化程序，当某个属性的值依赖于其他属性的值时，Vue 提供了计算属性以供使用。

调用 computed 函数返回计算属性。调用 computed 函数，传递一个 getter 函数(具有返回值)作为参数，返回值为一个计算属性 ref。计算属性和其他一般的 ref 类似，可以通过 .value 访问计算属性的值，计算属性也会在模板中自动解包。因此，在模板表达式中引用计算属性时无须添加 .value。

示例 5-2　已知单价和数量求合计金额。

示例分析：合计依赖于单价和数量，当单价和数量发生改变时，合计就跟着改变。所以合计可以用计算属性来实现。当依赖属性的值发生变化时，计算属性的值会自动更新，与之相关的 DOM 部分也会同步自动更新。其示例代码如下：

```
<body>
```

```html
<div id="app">
  单价:<input type="text" v-model.number="price" />
  <br />
  数量:<input type="number" v-model="count" />
  <br />
  合计:<input type="text" v-model="totalPrice" />
</div>
<script type="module">
  import { createApp, ref, computed } from "vue";
  const app = createApp({
    setup() {
      const price = ref(0);
      const count = ref(1);
      const totalPrice = computed(() => {
        return price.value * count.value;
      });
      return { price, count, totalPrice };
    },
  });
  app.mount("#app");
</script>
</body>
```

运行效果与示例 5-1 一致，效果如图 5-1 所示。

Vue 的计算属性会自动追踪响应式依赖。它会检测到 totalPrice 依赖于 price 和 count，所以当 price 或 count 改变时，totalPrice 的值会随着一起变化，视图中依赖于 totalPrice 的绑定都会同时更新。

计算属性只有在依赖的数据发生变化时才会重新计算，依赖数据不改变的情况下，第一次计算的结果会缓存起来，下次直接使用。使用计算属性的好处是减少模板中计算逻辑，并且数据会被缓存。

5.3 watch 侦听器

在有些情况下，需要在状态变化时执行一些"副作用"，例如更改 DOM 或是根据异步操作的结果去修改另一处的状态。在组合式 API 中，可以使用 watch 函数在每次响应式状态发生变化时触发回调函数。使用 watch 侦听器的语法如下：

```
watch(数据源,回调函数,{})
```

其中：

(1) 第一个参数是要侦听的数据源：它可以是一个 ref(包括计算属性)、一个响应式对象、一个 getter 函数(具有返回值)或多个数据源组成的数组等。

(2) 第二个参数是回调函数：该回调函数有两个参数(newValue, oldValue)，第一个参数是最新值，第二个参数是变化前的旧值。

(3) 第三个参数是一个对象：配置"deep:true"选项的是深层侦听器；配置"immediate:true"选项的是即时回调的侦听器(侦听器 watch 默认是懒执行的，仅当数据源变化时，才会执行回调)；配置"flush: 'post'"选项，侦听器回调中能访问被 Vue 更新之后的 DOM。

侦听器执行过程：当一个被侦听数据源的值发生变化时，触发回调函数执行。被侦听的数据源的值发生变化时，会有变化前后的两个值，这两个值作为回调函数的参数。

示例 5-3　已知单价和数量求合计金额。

示例分析：合计依赖于单价和数量，当单价和数量发生改变时，合计会随着改变。侦听单价和数量，如有变化就求和。用 watch 侦听器来实现的示例代码如下：

```
<body>
  <div id="app">
    单价:<input type="text"  v-model.number="price" />
    <br />
    数量:<input type="number" v-model="count" />
    <br />
    合计:<input type="text" v-model="total" />
  </div>
  <script type="module">
    import { createApp, ref, watch } from "vue";
    const app = createApp({
      setup() {
        const price = ref(0);
        const count = ref(1);
        const total = ref(1);
        const obj=ref({name:'apple',price})
        watch(price, (newVal, oldVal) => {
           console.log(`price 新值：${newVal},price 旧值：${oldVal}`);
           total.value =price.value * count.value;
        });
        watch(count, (newVal, oldVal) => {
          console.log(`count 新值：${newVal},count 旧值：${oldVal}`);
           total.value =price.value * count.value;
        });
        /*
        watch([price,count], (newVal, oldVal) => {
```

```
            total.value =price.value * count.value;
        });
        */
        watch(obj, () => {
            console.log(`第三个 watch 的回调函数执行了！`);
        },
        {deep:true,immediate:true});
        return { price, count, total };
        }
    });
    app.mount("#app");
    </script>
    </body>
```

该程序代码在浏览器中运行效果如图 5-2 所示。

图 5-2　运行效果

程序开始运行后第三个 watch 的回调函数就被执行了，这是在因为第三个 watch 中配置了 "immediate:true"。接着删除单价中的 0，录入 10，此时程序运行效果如图 5-3 所示。

图 5-3　运行效果

price 的新旧值的变化：price 的值变化了 3 次，第一个 watch 的回调函数被执行了 3 次，在控制台输出了 3 次 price 的新旧值，同时计算出了合计值。

第三个 watch 的回调函数也被执行了 3 次，这是因为第三个 watch 配置了"deep:true"，也就是深层侦听器。它监听的是对象 obj，它的值虽然没有改变，但它的 price 属性值改变了，深层侦听器能侦听对象的属性值改变。

计算属性和侦听器的不同：计算属性强调的是结果，最终返回一个值；侦听器强调的是过程，最终执行特定的业务处理，不是必须要返回值；计算属性处理同步的过程，侦听器多用于处理耗时的异步；computed 能做的 watch 都能做，反之则不行，但能用 computed 的尽量用 computed。

5.4　watchEffect 侦听器

watchEffect 侦听器会跟踪回调函数中的响应式依赖，如果被侦听的数据源都在回调函数中有使用，那么可以不用写数据源。对于有多个依赖项的侦听器来说，使用 watchEffect() 可以减轻手动维护依赖列表的负担。侦听器的回调函数使用与被侦听数据源完全相同的响应式状态也是很常见的。如上述示例 5-3 中，被侦听的 price、count 都有在回调函数中使用到。

示例 5-4　已知单价和数量求合计金额，代码如下：

```
<body>
  <div id="app">
    单价:<input type="text"  v-model.number="price" />
    <br />
    数量:<input type="number" v-model="count" />
    <br />
    合计:<input type="text" v-model="total" />
  </div>
  <script type="module">
    import { createApp, ref,watchEffect } from "vue";
    const app = createApp({
      setup() {
        const price = ref(0);
        const count = ref(1);
        const total = ref(1);
        watchEffect(() => {
          console.log(`watchEffect 的回调函数执行了！`);
            total.value =price.value * count.value;
```

```
                    });
                    return { price, count, total };
                },
            });
            app.mount("#app");
        </script>
    </body>
```

该程序运行效果与示例 5-1 一致，其效果如图 5-1 所示。此示例中 watchEffect 的回调函数使用了 price 和 count，watchEffect 会自动跟踪 price 和 count 的响应式依赖，当 price 或 count 的值变化时，回调函数都会被执行。

watch 和 watchEffect 都能响应式地执行有副作用的回调，它们之间的主要区别是追踪响应式依赖的方式。

watch 只追踪明确侦听的数据源。它不会追踪任何在回调中访问到的东西，另外，它仅在数据源确实改变时才会触发回调。watch 会避免在发生副作用时追踪依赖，因此，它能更加精确地控制回调函数的触发时机。

watchEffect 会在副作用发生期间追踪依赖。它会在同步执行过程中，自动追踪所有能访问到的响应式属性。这更方便，而且代码往往更简洁，但有时其响应式依赖关系不会那么明确。

5.5   reactive 函数

reactive 函数用于创建响应式对象，它接收一个普通的 JavaScript 对象，然后返回一个代理对象，该代理对象具有响应式的特性。具体而言，reactive 函数可将对象转化为 Proxy 对象，通过 Proxy 对象的代理，Vue 就能够追踪对象的属性访问和属性修改，并在数据发生变化时触发视图的更新。

示例 5-5   reactive 函数用法示例代码如下：

```
    <body>
    <div id="app">
      <h1>hello {{ reactiveObject.count}}</h1>
      <button @click="changeCount">count+1</button>
    </div>
    <script type="module">
        import { createApp,ref,reactive} from 'vue'
        const app = createApp({
          setup() {
            //创建一个普通对象
```

```
            const myObject = { count: 0 };
            //使用 reactive 将对象转为响应式对象
            const reactiveObject = reactive(myObject);
            //对象属性的访问和修改
            console.log(reactiveObject.count);          //获取属性值
            reactiveObject.count = 10;                   //修改属性值
            //响应式代理会自动通知相关视图进行更新
            const changeCount=()=>{
                reactiveObject.count++
            }
        return {reactiveObject,changeCount}
    })
    app.mount('#app');
</script>
</body>
```

　　程序代码在浏览器中运行效果如图 5-4 所示。在示例中，reactiveObject 是通过 reactive 函数将 myObject 转化得到响应式对象的。当修改 reactiveObject 的属性值时，系统会自动检测变化，并通知相关的视图进行更新。

图 5-4　运行效果

5.6　Vue 组件实例生命周期

5.6.1　生命周期概述

　　一个事物从诞生到发展、持续，直至最后销毁的过程，称为生命周期。Vue 实例也有类似的生命周期。Vue 实例在应用中会经历初始、挂载、更新及销毁四个阶段，这个过程称为 Vue 实例的生命周期。在 Vue 实例的生命周期过程中，各个阶段会自动执行相应的处理函数(就如同人的生命一样经历从生到死，每个阶段都有必做的事情)，这些处理函数被称为生命周期钩子，钩子就是在某个阶段给开发者一个做某些处理的机会。Vue 实例生命周期如图 5-5 所示。

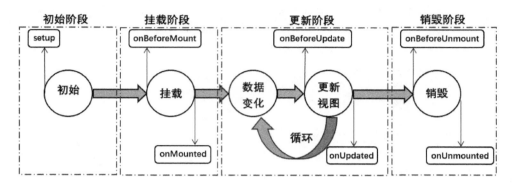

图 5-5   Vue 实例生命周期

Vue 实例的生命周期各阶段叙述如下：

1．初始阶段

setup：在 setup 函数中执行组件的初始化逻辑，setup 函数返回的对象中的属性和方法将会成为组件模板中的变量和函数，完成数据观测和事件配置，定义的数据和函数都可使用。

onBeforeMount()、onMounted()、onBeforeUpdate()、onUpdated()、onBeforeUnmount()、onUnmounted()这些函数都在组件的 setup()阶段被同步调用，完成注册生命周期钩子或回调函数。这些钩子函数会在各自相关的生命周期时间点自动执行。

2．挂载阶段

onBeforeMount()注册的钩子，在组件被挂载之前被调用。在此阶段，组件已经完成了初始化，但尚未挂载到页面上。

onMounted()注册的回调函数，在组件挂载完成后执行。在此阶段，组件已经被挂载到页面上，在回调函数中可以进行 DOM 操作。

3．更新阶段

onBeforeUpdate()注册的钩子，在组件即将因为响应式状态变更而更新其 DOM 树之前调用。在此阶段，页面上的数据还是上一次的数据，尚未更新。

onUpdated()注册的回调函数，在组件因为响应式状态变更而更新其 DOM 树之后调用。在此阶段，组件的 DOM 已经更新，页面和数据已经保持同步。

4．销毁阶段

onBeforeUnmount()注册的钩子，在组件实例被销毁之前调用。此时组件实例尚未被销毁，可以在钩子函数中执行一些清理操作。

onUnmounted()注册一个回调函数，在组件实例被销毁之后调用。此时组件实例已经被销毁，在回调函数中可以进行一些最终的清理工作。

5.6.2　生命周期状态与钩子函数示例

示例 5-6　Vue 实例生命周期状态与 setup 钩子函数代码如下：

```
<div id="app">
  <h1 ref="msg">{{message}}</h1>
  <h1><input type="text" v-model="message" /></h1>
</div>
<script type="module">
  import { createApp, ref } from "vue";
  import {onBeforeMount,onMounted, onBeforeUpdate,
    onUpdated,onBeforeUnmount,onUnmounted} from "vue";
  const app = createApp({
    setup() {
      const message=ref('hello')
      const msg=ref(null)
      const show=()=>{console.log("执行 setup 中定义的 show()方法");}
      console.log("--------1、初始化输出------------")
      console.log('message 的值:'+message.value);       //可以访问
      show()      //setup 中的方法可以执行
      try {
        console.log("页面上的元素:" + msg.value);        //页面元素还没有生成
      } catch (error) {
        console.log(error);
      }
      return { message,msg };
    }
  });
  app.mount("#app");
</script>
</body>
```

程序在浏览器中运行，在控制台输出如图 5-6 所示。

```
--------1、以是创建后的输出------------
message的值:hello
执行setup中定义的show()方法
页面上的元素:null
```

图 5-6　控制台输出

注：示例中需要直接访问底层 DOM 元素，要实现这一点，可以使用特殊的 ref 属性，ref 用于注册元素或子组件的引用。使用组合式 API，引用将存储在与名字匹配的 ref 里，如果用于普通 DOM 元素，引用将是元素本身；如果用于子组件，引用将是子组件的实例。必须等待组件挂载后才能对应用进行访问。

分析：执行 setup 函数时，在 setup 中定义的数据和函数都可以使用，但此时无法访问页面上的元素，所以指向 h1 元素的引用 msg 的值为 null。

示例 5-7　Vue 实例生命周期状态与 onBeforeMount 钩子。在示例 5-6 的 try…catch 语句后添加 onBeforeMount 函数，代码如下：

```
onBeforeMount(() => {
  console.log("--------2、以下是挂载前的输出----------");
  console.log('message 的值:'+message.value);      //setup 中的属性可以访问
  show();                                           //setup 中的方法可以调用
  try {
    console.log("页面上的元素:" + msg.value);        //DOM 还没有挂载到页面上
  } catch (error) {
      console.log(error);
    }
});
```

程序在浏览器中运行，在控制台输出如图 5-7 所示。

```
--------2、以下是挂载前的输出----------
message的值:hello
执行setup中定义的show()方法
页面上的元素:null
```

图 5-7　控制台输出

分析：执行 onBeforeMount 钩子函数时，在 setup 中定义的数据和函数都可以使用，虚拟 DOM 已生成，但还没有挂载到页面上，所以指向 h1 元素的引用 msg 的值为 null。

示例 5-8　Vue 实例生命周期状态与 mounted 钩子。在示例 5-7 的 onBeforeMount 函数后添加 mounted 函数，代码如下：

```
onMounted(() => {
  console.log("--------3、以下是挂载后的输出----------");
  console.log('message 的值:'+message.value);      //setup 中的属性可以访问
  show();                                           //setup 中的方法可以调用
  console.log("页面上的元素:" + msg.value);          //页面元素已生成
  try {
    console.log("页面上元素的内容:" + msg.value.innerText);
  } catch (error) {
```

```
    console.log(error);
  }
});
```

程序在浏览器中运行，在控制台输出如图 5-8 所示。

```
--------3、以下是挂载后的输出----------
message的值:hello
执行setup中定义的show()方法
页面上的元素:[object HTMLHeadingElement]
页面上元素的内容:hello
```

图 5-8　控制台输出

分析：执行 onMounted 钩子函数时，在 setup 中定义的数据和函数都可以使用。DOM 已挂载到页面上，数据与页面已绑定，此时开始能对 DOM 元素进行操作。

示例 5-9　Vue 实例生命周期状态与 onBeforeUpdate、onUpdated 更新生命周期钩子。

在示例 5-8 的 onMounted 函数后添加 onBeforeUpdate 函数和 onUpdated 函数，代码如下：

```
onBeforeUpdate(() => {
  console.log("--------4、以下是更新前的输出----------");
  console.log('message 的值:'+message.value);                //数据更新
  try {
    console.log("页面上元素的内容:" + msg.value.innerText);    //没有更新
  } catch (error) {
    console.log(error);
  }
});
onUpdated(() => {
  console.log("--------5、以下是更新后的输出----------");
  console.log('message 的值:'+message.value);                //数据更新
  try {
    console.log("页面上元素的内容:" + msg.value.innerText);    //更新页面
  } catch (error) {
    console.log(error);
  }
});
```

程序在浏览器中运行，效果如图 5-9 所示。

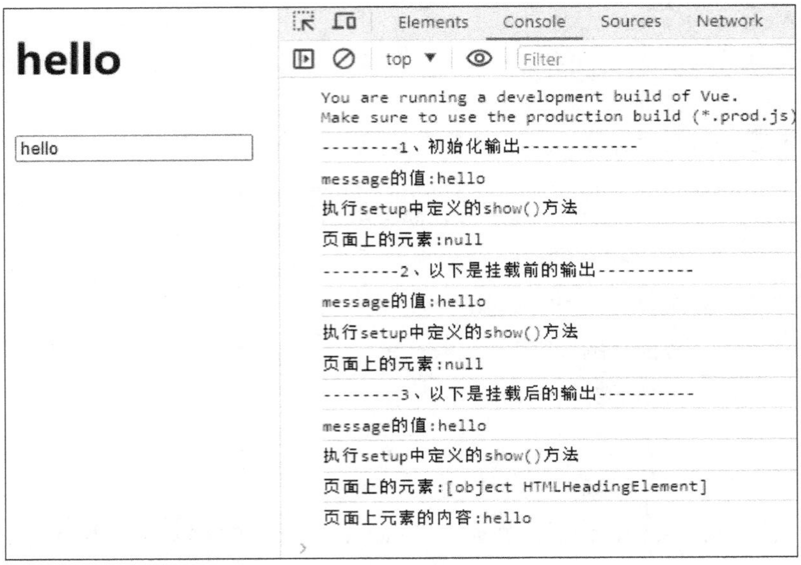

图 5-9　运行效果

接着删除文本框中的字符"o"，修改 message 的值，数据就产生了更新，此操作先后触发 onBeforeUpdate 钩子函数、onUpdated 钩子函数的执行。在控制台输出，运行效果如图 5-10 所示。

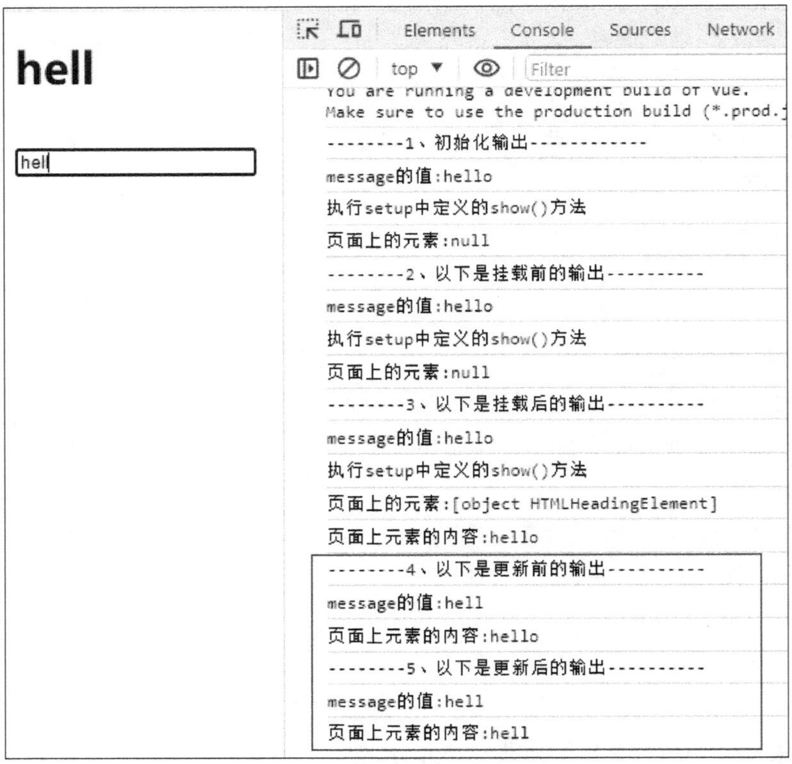

图 5-10　运行效果

分析：当执行 onBeforeUpdate 钩子函数时，message 数据是最新的值"hell"，内存虚拟 DOM 的 message 也被渲染成最新的值"hell"。但真实的页面还没有更新，还是原值"hello"。当执行 onUpdated 钩子函数时，界面更新为最新值。

示例 5-10 Vue 实例生命周期状态与 onBeforeUnmount、onUnmounted 卸载生命周期钩子。示例代码如下：

```
<body>
  <div id="app">
    <h1 ref="msg">{{message}}</h1>
    <h1><input type="text" v-model="message" /></h1>
  </div>
  <script type="module">
    import { createApp, ref } from "vue";
    import {onBeforeUnmount,onUnmounted} from "vue";
    const app = createApp({
  setup() {
    const message=ref('hello')
    const msg=ref(null)
    onBeforeUnmount(()=>{
    console.log('=====6、销毁前=====');
    console.log('message 的值:'+message.value);
    try {
      console.log("页面上元素的内容:" + msg.value.innerText);
    } catch (error) {
      console.log(error);
    }
    });
    onUnmounted(()=>{
      console.log('=====7、已销毁=====');
      console.log('message 的值:'+message.value);
    try {
        console.log("页面上的元素:" + msg.value);
      } catch (error) {
        console.log(error);
      }
    });
      return { message,msg };
      }
  });
    app.mount("#app");
```

```
//    5 秒后执行卸载
setTimeout(() => {
  app.unmount();
}, 5000);
</script>
</body>
```

程序在浏览器中运行，开始时在控制台并没有输出信息，效果如图 5-11 所示。

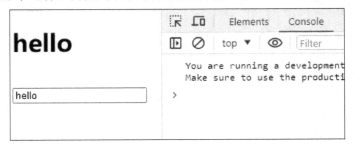

图 5-11　运行效果

程序运行 5 秒后，页面上的信息消失，在控制台输出信息，效果如图 5-12 所示。

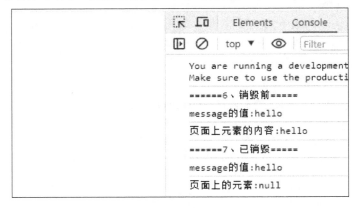

图 5-12　运行效果

分析：当执行 onBeforeUnmount 钩子函数时，数据和 DOM 都正常存在。当执行 onUnmounted 钩子函数时，DOM 不存在了，这是因为组件实例已被卸载。

app.unmount()卸载一个已挂载的应用实例。卸载一个应用会触发该应用组件树内所有的组件卸载生命周期钩子。

5.7　组合式函数

在 Vue 应用的概念中，"组合式函数"是一个利用 Vue 的组合式 API 来封装和复用有状态逻辑的函数。其在开发过程抽取需要复用公共任务的逻辑封装成函数。

　　示例 5-11　使用组合式 API 封装鼠标跟踪功能的函数供组件使用。使用组合式 API 封装鼠标跟踪功能的函数，保存在 mouse.js 模块中，该模块的代码如下：

```
//mouse.js
import { ref, onMounted, onUnmounted } from 'vue'      //导入组合式 API
//按照惯例，组合式函数名以 "use" 开头
export function useMouse() {
  //被组合式函数封装和管理的状态
  const x = ref(0)
  const y = ref(0)
  //组合式函数可以随时更改其状态
  function update(event) {
    x.value = event.pageX
    y.value = event.pageY
  }
  //一个组合式函数也可以挂靠在所属组件的生命周期上来启动和卸载副作用
  onMounted(() => window.addEventListener('mousemove', update))
  onUnmounted(() => window.removeEventListener('mousemove', update))
  //通过返回值暴露所管理的状态
  return { x, y }
}
```

　　程序中使用命名导出组合式函数 useMouse，该函数以对象的形式返回鼠标位置，在组件中使用该 useMouse 函数功能，示例代码如下：

```
<body>
  <div id="app">
    鼠标位置在: {{ x }}, {{ y }}
  </div>
  <script type="module">
    import { createApp } from "vue"
    import { useMouse } from './mouse.js'    //导入 useMouse 函数
    const app = createApp({
      setup() {
        //调用 useMouse 函数，以对象的形式返回鼠标位置，通过解构赋值给 x,y
        const { x, y } = useMouse()
        return { x,y };
      }
    });
    app.mount("#app");
```

```
</script>
</body>
```

程序在浏览器中运行，一开始鼠标没有在页面上显示，当鼠标在页面上移动时，页面上实时显示鼠标的位置，效果如图 5-13 所示。

图 5-13　运行效果

5.8　综合应用案例

看到一个信号灯在红、黄、绿三色之间切换，每 2 秒切换一次颜色，持续 10 秒后信号灯组件消失，其示例代码如下：

```
<!DOCTYPE html>
<html>
  <head>
    <title>综合应用案例</title>
    <!-- 使用导入映射表(Import Maps)来告诉浏览器如何定位到导入的 vue -->
    <script type="importmap">
      {
        "imports": {
          "vue": "https://unpkg.com/vue@3/dist/vue.esm-browser.js"
        }
      }
    </script>
  </head>
<body>
  <div id="app">
    <h1>信号灯</h1>
    <div id="tl" ref="tl">green</div>
  </div>
  <script type="module">
    import { createApp, ref } from "vue"
    import { onMounted,onBeforeUnmount,onUnmounted} from "vue"
    const app = createApp({
      setup() {
        const tl=ref()                               //信号灯元素的引用
        const colorList=['red','yellow','green']     //红、黄、绿三种颜色
        let timer=null
```

```
onMounted(() => {
    let i=0;
    timer=setInterval(
        ()=>{
            console.log(`当前颜色：${colorList[i]}`);
            tl.value.style.backgroundColor=colorList[i];
            tl.value.innerText=colorList[i]
            i++;
            if(i===colorList.length){
                i=0
            }
        },2000
    )
})
onBeforeUnmount(()=>{
    console.log('=====组件销毁前=====');
    clearInterval(timer);
})
onUnmounted(()=>{
    console.log('=====组件已销毁=====');
})
return { tl };
}
});
app.mount("#app");
//5 秒后执行卸载
setTimeout(() => {
    app.unmount();
}, 10000);
</script>
<style scoped>
/*使#tl 呈现为圆形、白色文字、绿色背景的信号灯*/
#tl{
width:100px;
height: 100px;
border-radius: 50px;
background-color: green;
line-height: 100px;
text-align: center;
```

```
      color: white;
    }
  </style>
  </body>
  </html>
```

程序在浏览器中运行，刚开始信号灯显示绿色灯，效果如图 5-14 所示。

图 5-14　运行效果

信号灯每 2 秒切换一种颜色，持续 10 秒后，信号灯组件消失，效果如图 5-15 所示。

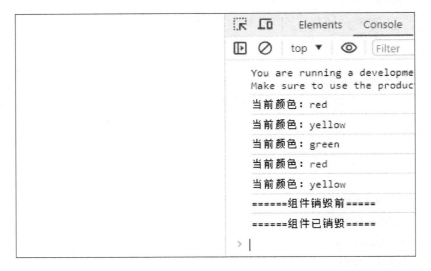

图 5-15　运行效果

　　分析：在 onMounted 生命周期钩子函数中，通过 setInterval 定时器来实现每 2 秒切换一次颜色的功能。定时器回调函数中，将信号灯的背景颜色和文字内容分别设置为 colorList 中的颜色，然后将计数器 i 自增，当 i 达到数组长度时，重置为 0，从而实现循环切换。使用 setTimeout 函数模拟了 10 秒后执行卸载操作，该操作调用了 app.unmount()方法，卸载一个应用会触发该应用组件树内所有组件的卸载生命周期钩子。

第6章 工程化的 Vue 项目

随着前端技术的不断发展，前端项目已经不再是简单的网页制作，而是演变成了复杂的应用程序。为了应对这种变化，前端工程化成为必然趋势。

6.1 前端工程化概述

如今前端项目开发已实现工程化。前端工程化就是把前端项目作为一个完整的工程进行分析、组织、构建和优化，在相应的过程中进行优化配置，从而使项目结构清晰、边界清晰，使各开发人员分工明确、配合默契，进而达到提高开发效率的目的。前端工程化工作流如图 6-1 所示。

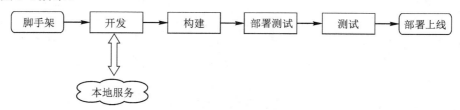

图 6-1　前端工程化工作流

前端脚手架是一种工具，用于快速搭建前端项目的基础结构，提供了项目所需的文件、目录结构以及一些默认配置，让开发人员可以更快地开始开发工作，而不必从头开始手动配置项目环境。create-vue 是 Vue 官方的项目脚手架工具。

前端工作流中加入了构建步骤，构建步骤是指在前端开发过程中，通过使用构建工具对源代码进行处理和优化的一系列操作。这些操作包括但不限于编译、压缩、打包、转译、模块化处理等，其目的是生成可部署到生产环境的最终代码。例如：将 ES6+ 新特性或语法转换为当前浏览器支持的版本，以保证应用在不同浏览器上的兼容性；将高级语言(如 TypeScript、Sass、Less 等)编写的源代码转换为浏览器可理解的标准 JavaScript、CSS 等代码；对 JavaScript、CSS、图片等资源进行压缩操作，压缩代码体积、压缩文件大小、提高页面加载速度；将多个源文件进行合并打包，减少 HTTP 请求次数，提高页面加载性能。

Vue3 官方提供推荐的构建工具是 Vite，Vite 是一个轻量级的、速度极快的构建工具，对 Vue SFC(单文件组件)提供第一优先级支持。如果想要了解构建工具 Vite 更多背后的细节，请查看 Vite 文档，Vite 官方中文文档网址：https://cn.vitejs.dev/。

6.2　Node.js 基础

构建工具 Vite 是基于 Node.js 平台开发的前端构建工具。大多数前端构建工具都是基于 Node.js 开发的。这是因为 Node.js 提供了强大的 JavaScript 运行环境和丰富的模块生态系统，能够方便地进行构建、打包、编译、压缩等前端开发所需的各种任务。Node.js 的 npm 也是前端项目中常用的包管理工具，许多前端构建工具和相关的插件都可以通过 npm 进行安装和管理。因此，Node.js 已经成为前端开发中不可或缺的组成部分。

为了更好地使用基于 Node.js 平台开发的前端构建工具，更好地适应前端工程化开发，在此介绍 Node.js 相关的知识点。

6.2.1　Node.js 的模块化开发规范

Node.js 模块化规范遵循的是 CommonJS 规范，与第 2 章介绍的 ES 模块规范有所不同。CommonJS 规范中定义如下。

(1) 模块分为单文件模块与包：一个 JS 文件就是一个模块，模块内定义的变量和函数默认在外部无法访问。

(2) 模块成员导出：模块内部可以使用 module.exports 或 exports 对象进行成员导出。

(3) 模块成员导入：使用 require('模块标识符')导入其他模块的成员。

示例 6-1　Node.js 模块导出与导入示例。

(1) 创建 Chapter06 文件夹，在该文件夹下创建 a.js 文件作为被加载模块，a.js 文件内容如下：

```
let name="张三";
const sayHello=()=>`你好！`;
exports.name=name;              //导出变量 name
exports. sayHello=sayHello;    //导出函数 sayHello
```

(2) 接着在 Chapter06 文件夹下创建 b.js 文件，实现在 b.js 模块中导入 a.js 导出的成员，b.js 文件内容如下：

```
let m=require('./a.js');       //require()方法加载 a.js 模块
console.log(m);                //输出导入的对象
```

(3) 打开命令行工具，切换到 Chapter06 文件夹下，执行“node　b.js”命令，b.js 执行结果如图 6-2 所示。

图 6-2　执行结果

a.js 模块通过 exports 对象对模块内部的成员进行导出操作，导出是一个对象。在 b.js 模块中通过 require()方法对 a.js 模块进行加载导入操作，导入 a.js 模块导出的对象。除了用 exports 对象进行成员导出外，还可以使用 module.exports 导出，如本示例中的导出可以改写成：

```
module.exports = { name, sayHello}
```

 ## 6.2.2　Node.js 的包

1. 包与模块的关系

包在模块的基础上更进一步组织代码(模块化的方式组织代码)。一个包可以包含多个模块，每个模块都可以通过 require 关键字在其他模块中引入。Node.js 里一个包中应该有一个"出口模块"，用于向外部暴露接口，包与模块的关系如图 6-3 所示。

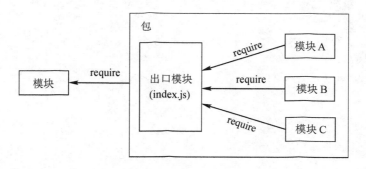

图 6-3　包与模块的关系

包与模块没有本质的区别，包也是模块，对包的开发者来说的"出口模块"，对于使用者来说是包的"入口模块"。

2. 创建包

Node.js 的包基本遵循 CommonJS 规范，一个规范包项目的组成结构必须符合以下 3 点要求：

(1) 包必须以单独的文件夹存在。

(2) 包的顶级目录下必须包含 package.json 这个包管理配置文件。

(3) package.json 中必须包含 name，version，main 这 3 个属性，分别代表包的名字、版本号、包的出口文件名。

示例 6-2　实现两个数加法、减法、乘法、除法的计算器功能包。

(1) 创建项目文件夹及 package.js。npm init 命令用于在当前目录下创建一个新的 package.json 文件，该文件用于描述 Node.js 项目的元数据和依赖信息。执行该命令时，会依次询问用户有关项目的各种信息，例如项目名称、版本、描述、入口文件、作者、许可证等，并生成相应的 package.json 文件。

创建 Calculator 文件夹，打开命令行工具，切换到 Calculator 文件夹下，执行"npm init"命令创建 package.json 文件。根据提示填入相关信息，除 name、version、main 这三项必须填写外，其他项可以不填，如图 6-4 所示。

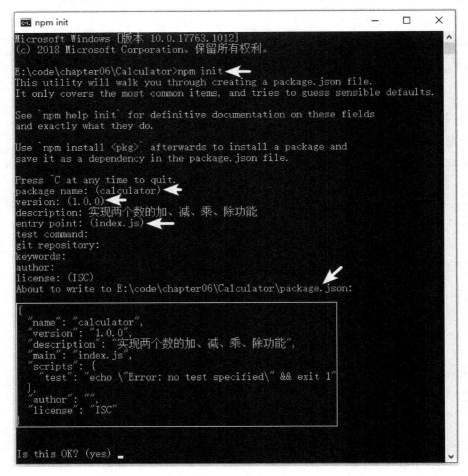

图 6-4　创建 package.json 文件

执行"npm init"命令后，在 Calculator 文件夹下生成 package.json 文件，该文件内容如图 6-4 所示。

(2) 实现两个数加法、减法、乘法、除法的 4 个功能模块。在 Calculator 文件夹下创建 lib 文件夹，在 lib 文件夹下创建 addition.js、subtraction.js、multiplication.js、division.js 4 个文件，这 4 个文件功能及内容如下：

① addition.js 文件，实现两个数相加并导出，代码如下：

```javascript
function add(x, y) {
    return x + y;
}
module.exports = add;
```

② subtraction.js 文件，实现两个数相减并导出，代码如下：

```javascript
function subtract(x, y) {
    return x - y;
}
module.exports = subtract;
```

③ multiplication.js 文件，实现两个数相乘并导出，代码如下：

```javascript
function multiply(x, y) {
    return x * y;
}
module.exports = multiply;
```

④ division.js 文件，实现两个数相除并导出，代码如下：

```javascript
function divide(x, y) {
    if (y !== 0) {
        return x / y;
    } else {
        throw new Error("除数不能为 0");
    }
}
module.exports = divide;
```

(3) 创建出口模块。在 index.js 模块中导入上述的 4 个功能，然后再导出这 4 个功能。index.js 文件内容如下：

```javascript
const addition = require('./lib/addition');
const subtraction = require('./lib/subtraction');
const multiplication = require('./lib/multiplication');
const division = require('./lib/division');
module.exports = {
    add: addition,
    subtract: subtraction,
    multiply: multiplication,
    divide: division
```

```
};
```

这个文件中使用了 require 来引入其他模块,并通过 module.exports 将这些功能再次导出,形成一个新的对象。在这个对象中,每个功能都是一个属性。在其他模块中可以通过 require('./index') 来引入整个对象,然后使用对象的属性来访问各个功能。这就实现了两个数加法、减法、乘法、除法的计算器功能包,包的文件夹如图 6-5 所示。

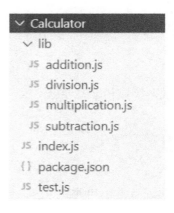

图 6-5　包的文件夹

(4) 使用包。在 test.js 文件导入 index.js,输出两个数的和、差、积、商。test.js 文件中的内容如下:

```
const calculator = require('./index');
const sum = calculator.add(6, 4);
const difference = calculator.subtract(8, 2);
const product = calculator.multiply(4, 6);
const quotient = calculator.divide(9, 3);
console.log('和:', sum);
console.log('差:', difference);
console.log('积:', product);
console.log('商:', quotient);
```

打开命令行工具,切换到 Calculator 文件夹下,运行 node test.js 命令,test.js 执行结果如图 6-6 所示。

图 6-6　执行结果

3. 包管理

将常用的功能、工具或组件封装成 npm 包，这些包可以是用于构建 Web 应用程序的工具，也可以是提供特定功能的库或框架。封装成 npm 包可以方便其他项目重用，避免重复编写相似的代码，从而提高开发效率。如上述示例 6-2 的包就是一个 npm 包。

NPM 包服务器是一个中心化的位置，允许开发者将开发的软件包发布到该服务器上。这样其他开发者就可以方便地查找、安装和使用这些软件包，对于其他开发者来说，这些包称之为第三方的包。NPM 网站(https://www.npmjs.com/)是全球最大的包生态系统，它收录了大量的 npm 包。这些包都是通过 Node.js 实现的，开源免费，可以随时查找、安装和使用。

Node.js 的包管理工具 npm 是一个强大的命令行工具，提供了一些方便快捷的命令用于管理包。开发者可以使用 npm 命令来实现安装依赖包、发布自己的包、更新包等操作，从而更好地管理项目的依赖关系。以下是一些常用的 npm 命令及其功能：

npm init：初始化一个新的 npm 项目，创建 package.json 文件。

npm install package-name(包名)：用于安装项目的依赖包。

npm uninstall package-name：卸载一个已安装的依赖包。

npm list：列出当前项目的依赖包。

npm start：启动项目，通常用于启动应用程序。

npm run：运行在 package.json 文件中定义的脚本命令。

npm publish：将项目发布到 NPM 包服务器，使其可以被其他人安装和使用。

npm update package-name：更新项目的依赖包。

4. cnpm

npm 是 Node.js 的官方包管理工具，cnpm 是淘宝定制的 npm 镜像，通过淘宝的 npm 镜像源来安装和管理 Node.js 包。相对于 npm 官方服务器，cnpm 提供了更快的下载速度。用户可以根据自己的需求选择使用 npm 或者 cnpm 来管理 Node.js 包。

使用 cnpm 前，需要先安装它，在命令工具行，运行以下命令来安装 cnpm：

```
npm install -g cnpm –registry = https://registry.npm.taobao.org
```

安装完成后，可以像使用 npm 一样使用 cnpm 来安装、更新和卸载 Node.js 包。以下是一些常用的 cnpm 命令示例：

使用 cnpm 安装包：cnpm install package-name

使用 cnpm 全局安装包：cnpm install -g package-name

使用 cnpm 更新包：cnpm update package-name

使用 cnpm 卸载包：cnpm uninstall package-name

使用 cnpm 时，命令和参数与 npm 基本相同，只需要将 npm 替换为 cnpm 即可。

6.2.3　包(模块)加载规则

加载模块是通过 require 函数来实现的，require 函数接收一个模块标识符作为参数，该标识符可以是模块名称、模块文件的相对路径或绝对路径。根据模块标识符的写法，有如下三种加载规则。

1．路径及文件名完整

require 方法会根据提供的模块路径查找模块，如果路径是一个完整路径(以 ./或 ../开头)，文件名是全名，Node.js 会直接引入该模块。例如：require('./add.js')。

2．拥有路径但文件名没有后缀

当模块标识符拥有路径但没有后缀，例如 require('./add')，此时查找模块规则如下：

(1) 如果模块路径没有指定后缀，Node.js 会先尝试查找同名的 .js 文件，如果找不到，则会继续查找同名的文件夹。

(2) 如果找到了同名的文件夹，Node.js 会尝试加载该文件夹中的 index.js 文件，作为模块的入口文件。

(3) 如果文件夹中没有 index.js 文件，Node.js 会查找当前文件夹下的 package.json 文件，然后查看其中的 main 字段指定的入口文件，并尝试加载该入口文件作为模块的主文件。

(4) 如果找不到指定的入口文件，或者没有指定入口文件，Node.js 会抛出模块未找到的错误，表示无法加载该模块。

3．没有路径且没有后缀

当模块标识符只有一个名称，例如 require('find')，此时查找模块规则如下：

(1) Node.js 首先会假设该模块是系统模块，并尝试加载系统内置的模块。

(2) 如果不是系统模块，Node.js 会前往 node_modules 文件夹中查找该模块。在 node_modules 文件夹中查找该模块的规则，与拥有路径但文件名没有后缀的查找规则一致。

Node.js 加载规则得到了比较广泛的应用，这些加载规则在 Vue 工程化的项目中同样适用。

6.3　创建 Vue 工程化项目

6.3.1　创建项目

打开命令行工具，进入想要创建项目的目录下，输入：

```
npm create vue@latest
```

按回车键后，这一指令将会自动安装并执行 create-vue(create-vue 是 Vue 官方的项目脚手架工具)，接着提示输入项目名称(例 projectDemo)和包名称(例 demo)，之后提示一些功能选项信息，创建项目界面如图 6-7 所示。

图 6-7　创建项目界面

如果不确定是否要开启某个功能，可以直接按下回车键后选择"否"。在项目被创建后，当前目录下就创建好了以项目名为名的目录，该目录下项目的目录结构如图 6-8 所示。

图 6-8　项目的目录结构

 ## 6.3.2　安装并启动项目

1. 安装项目

在命令工具行输入 cd projectDemo 指令并按回车键，进入项目根目录，接着在命令工具行输入：

npm install

按回车键安装项目的依赖包。安装完成后，项目的根目录创建了一个 node_modules 目录，项目的目录结构如图 6-9 所示。

2. 启动项目

在命令工具行输入：

　　npm run dev

按回车键运行命令，编译完成后显示项目运行的网址及提示信息，如图 6-10 所示。

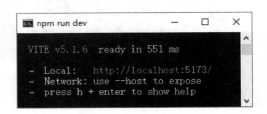

图 6-9　项目的目录结构　　　　　　图 6-10　项目运行的网址及提示信息

3. 在浏览器中打开项目首页

打开浏览器，在地址栏输入 http://localhost:5173 后按回车键，显示 Vue 的示例项目界面，如图 6-11 所示。

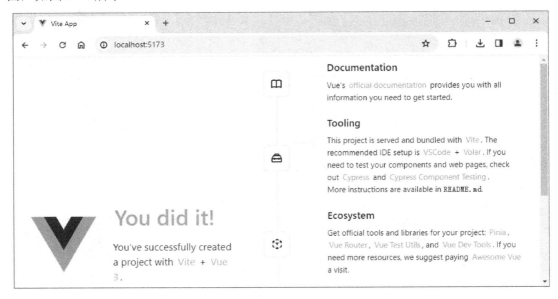

图 6-11　Vue 示例项目界面

至此，创建项目的 Vue 示例项目启动运行成功。

6.4　项目的配置目录及配置文件

　　项目根目录下的目录结构如图 6-9 所示，项目根目录下是项目的配置目录及配置文件。项目根目录下的配置目录有 .vscode、node_modules、public、src 共 4 个目录，这些文件夹在 Vue3 项目中扮演了不同的角色，有助于组织和管理项目的结构和代码。项目根目录下的配置文件有 .gitignore、index.html、jsconfig.json、package.json、README.md、vite.config.js 共 6 个文件，这些文件在 Vue3 项目中各司其职，协同工作，帮助开发者更好地管理、构建和维护项目。

6.4.1　package.json 文件与 node_modules 目录

1. package.json 文件

　　package.json 文件是项目配置文件，文件内容以 JSON 的格式描述项目基本信息、项目的依赖包等信息，示例项目的 package.json 文件内容如图 6-12 所示。

```
{} package.json  ×

{} package.json > ...
  1   {
  2       "name": "demo",                              项目基本配置
  3       "version": "0.0.0",
  4       "private": true,
  5       "type": "module",
        ▷ Debug
  6       "scripts": {
  7         "dev": "vite",
  8         "build": "vite build",                     脚本命令
  9         "preview": "vite preview"
 10       },
 11       "dependencies": {
 12         "vue": "^3.4.21"                            生产依赖包
 13       },
 14       "devDependencies": {
 15         "@vitejs/plugin-vue": "^5.0.4",
 16         "vite": "^5.1.6"
 17       }                                            开发依赖包
 18   }
```

图 6-12　package.json 文件内容

package.json 文件中的各配置项解释如下：

"name": "demo"：定义项目的名称。

"version": "0.0.0"：定义项目的版本号。在开始阶段，通常将其设置为 "0.0.0"，然后随着项目的迭代逐渐增加。

"private": true：设置为 true，表示此项目是私有的，不应该被发布到公共的包管理器(如 npm)。这是为了防止意外发布私有项目。

"type": "module"：指定项目使用 ES 模块化，这是 Vue3 推荐的模块化规范。

"scripts": { "dev": "vite", "build": "vite build", "preview": "vite preview" }：定义了一些脚本命令，通过 npm run 来执行这些脚本。例如，" npm run dev"启动开发服务器，使用 Vite 构建工具；" npm run build"执行 Vite 的构建命令，将项目打包成生产环境可用的文件；" npm run preview"预览生产构建，用于检查构建结果。

"dependencies":{"vue":"^3.4.21"}："dependencies"定义项目的生产依赖项。{"vue":"^3.4.21"}，这里只有 Vue 依赖项，^3.4.21 是版本号，前面的 ^ 符号是兼容符号，表示可以接受的版本范围是 3.x.x。它允许更新到 3.4.21 之后的任何兼容版本，但不包括 4.0.0 或更高版本。

"devDependencies": { "@vitejs/plugin-vue": "^5.0.4", "vite": "^5.1.6" }：定义了项目的开发依赖项，主要是 Vite 相关的插件和工具，"@vitejs/plugin-vue"用于支持 Vue 单文件组件。"vite"是 Vite 构建工具，提供快速的开发和构建能力。

当在项目根目录下执行 npm install 指令时，node 会自动安装 package.json 文件里所有配置的依赖包。

2. node_modules 目录

该文件夹包含项目依赖的所有模块。当使用 npm install 安装项目依赖时，这个文件夹会被创建，并且其中包含了所有项目所需的第三方库和工具。示例项目的 node_modules 目录如图 6-13 所示。

图 6-13   node_modules 目录

注意：通常不需要手动编辑或修改这个文件夹的内容，而是通过包管理工具来管理。

在开发过程中，根据实际需求，会安装一些依赖包。在项目根目录下执行 npm install <包名>指令来安装依赖包，依赖包会安装到 node_modules 目录下。通过 npm install <包名>指令安装依赖包，有两种命令参数可以把依赖包的信息写入到 package.json 文件：一种是 npm install <包名> -S，依赖包的信息被添加到 package.json 文件中的 dependencies 键下；另一种是 npm install <包名> -D，依赖包的信息被添加到 package.json 文件中的 devDependencies 键下。

 ## 6.4.2　src 目录与 index.html 文件

1. src 目录

src 目录是主要的源代码文件夹，包含了整个 Vue 项目的源代码。开发过程中创建的文件存放 src 目录下，示例项目的 src 目录如图 6-14 所示。

1) assets 目录

assets 目录用于存放项目中的静态资源，如图片、字体文件等。这些资源在应用中可以通过相对路径引用，而 Vite 会在构建过程中将它们复制到输出目录(如 dist)下的相应位置。示例项目的 assets 目录如图 6-15 所示。

图 6-14　src 目录　　　　　图 6-15　assets 目录

2) components 目录

components 目录用于存放 Vue 的单文件组件。Vue 单文件组件是构建用户界面的基本单元，通过 Vue 单文件组件可以将页面划分为独立的模块，提高代码的可维护性和重用性。在这个文件夹中，可以根据业务逻辑将不同功能的组件进行分类，比如按钮组件、头部组件、底部组件等。这种组织结构有助于项目的结构清晰，也便于团队协作和代码维护。组件可以在其他组件或页面中引用，提供了一种模块化的开发方式。

一个 Vue 单文件组件(SFC)通常使用*.vue 作为文件扩展名。每个*.vue 文件都由三种顶层语言块<template>、<script>和<style>构成，每个*.vue 文件最多可以包含一个顶层<template>块、一个<script>块、一个<script setup>。

<script setup>是在单文件组件中使用组合式 API 的编译时的语法。当使用<script setup>时，任何在<script setup>声明的顶层的绑定(包括变量，函数声明以及 import 导入的内容)都能在模板中直接使用。响应式状态需要明确使用响应式 API 来创建，和 setup 函数的返

回值一样，ref 在模板中使用时会自动解包。

示例项目的 components 目录如图 6-16 所示。

该文件夹下有三个单文件组件，打开单文件组件 HelloWorld.vue，代码如图 6-17 所示。

```
▼ HelloWorld.vue  ×
src > components > ▼ HelloWorld.vue > ...
  1    <script setup>
  2        defineProps({
  3          msg: {type: String,required: true}
  4        })
  5    </script>
  6    <template>
  7      <div class="greetings">
  8        <h1 class="green">{{ msg }}</h1>
  9  >     <h3>···
  13       </h3>
  14     </div>
  15   </template>
  16  > <style scoped>···
  39   </style>
```

图 6-16   components 目录   图 6-17   HelloWorld.vue 的代码内容

示例项目的单文件组件，默认使用的是<script setup>语法和组合式 API。在 setup 函数中需要手动暴露大量的状态和方法，非常繁琐；而<script setup>不再需要手动暴露，<script setup>大幅度地简化了代码。

总体而言，assets 和 components 文件夹的使用有助于使项目结构组织更加清晰，使开发者更容易定位和管理不同类型的文件。

3) App.vue 文件

App.vue 是项目的根组件，负责组织和渲染应用的各个组件，所有页面都在 App.vue 下切换，它相当于包裹整个页面最外层的 div。App.vue 作为根组件文件，需要挂载到 Vue 应用实例上，具体的挂载过程在 main.js 文件中完成。

4) main.js 文件

main.js 是应用的入口文件，主要工作包括导入 Vue 框架、导入根组件、创建 Vue 应用实例、挂载根组件到 DOM 元素上、配置全局组件和插件等。示例项目的 main.js 代码及注释如下：

```
//导入项目中的 CSS 文件，用于设置整个应用的样式
import './assets/main.css'
//导入 createApp 函数，用于创建 Vue 应用实例
import { createApp } from 'vue'
//从当前目录下的 App.vue 文件中导入根组件
import App from './App.vue'
//创建 Vue 应用实例并挂载到 index.html 中的#app 元素上
createApp(App).mount('#app')
```

注：createApp(App)表示创建一个 Vue 应用实例，然后 mount('#app')将这个实例挂载到 index.html 页面上指定的 DOM 元素#app 上。

2. index.html 文件

index.html 文件在 Vue3 项目中扮演着非常重要的角色，它是整个应用的入口文件，定义了应用的基本结构、引入的资源文件以及挂载 Vue 应用的根节点。在 Vue 应用启动时，浏览器会首先加载和解析 index.html 文件，然后加载其他资源并渲染出页面内容。示例项目在 index.html 文件中的代码如下：

```html
<!DOCTYPE html>
<html lang="en">
  <head>
    <meta charset="UTF-8">
    <link rel="icon" href="/favicon.ico">
    <meta name="viewport" content="width=device-width, initial-scale=1.0">
    <title>Vite App</title>
  </head>
  <body>
    <div id="app"></div>
    <script type="module" src="/src/main.js"></script>
  </body>
</html>
```

6.4.3 public、vite.config.js 等目录和文件

1. .vscode 目录

该目录下通常包含 VS Code 编辑器的配置文件，用于定义项目在 VS Code 中的工作区设置和调试配置。示例项目该目录下有 settings.json、extensions.json 两个文件。settings.json 文件用于存储用户或工作区的编辑器设置和配置；extensions.json 文件用于存储当前工作区的推荐扩展列表。

2. public 目录

该目录用于存放不需要经过构建工具处理的静态资源，这些资源将被复制到构建输出目录(例如 dist)中。该目录下默认有项目的图标文件 favicon.ico。

3. .gitignore 文件

.gitignore 文件用于指定 Git 版本控制系统忽略哪些文件或文件夹，这样可以防止将不必要的、敏感的或生成的文件提交到版本库中。

4. jsconfig.json 文件

jsconfig.json 文件用于配置 JavaScript 项目的编译选项，提供编辑器的 IntelliSense(智能

感知)功能，帮助开发者更好地编写代码。

5．README.md 文件

README.md 文件是项目的文档说明文件，通常包含项目的介绍、安装步骤、使用说明、贡献指南等信息，方便其他开发者理解和参与项目。

6．vite.config.js 文件

vite.config.js 文件是 Vite 项目的配置文件，用于配置项目的构建和开发环境参数，例如代理设置、自定义插件、构建输出路径等，可根据项目需求进行配置。

6.5　工程化项目开发简单示例

在 6.3 节中，开发环境已经搭建完成，本节接着 6.3 节创建好的项目进行开发，开发的案例效果如图 6-18 所示。案例中页面分上、中、下三部分：中部是两个数的算术运算器，输入两个数，选择运算符，单击"计算"按钮，计算结果显示在下方。

图 6-18　案例效果

在正式开发之前应先清理掉默认示例项目相关的文件和代码：删除 assets 文件夹和 components 文件夹下的所有文件；删除 App.vue 文件中的代码；删除 main.js 文件中第一行代码 import './assets/main.css'。接着创建项目的单文件组件。

1．新建单文件组件

该项目只有一个页面，页面可划分为三个组件：头部组件(Header.vue)、算术运算器组件(ArithmeticCalculator.vue)、脚部组件(Footer.vue)。具体创建步骤如下。

(1) 在 components 文件夹创建 Header.vue 组件。该组件固定显示在窗口的顶部，组件代码如下：

```
<template>
  <header class="header">
    这是头部(包括导航菜单、Logo 等)
  </header>
</template>
<style scoped>
  .header{ position: fixed; top:0px;　z-index: 1000;
    background-color: #333; width: 100%;
    color: #fff;text-align: center; line-height: 50px;
  }
</style>
```

(2) 在 components 文件夹创建 ArithmeticCalculator.vue 组件。该组件实现两个数的算术运算(加、减、乘、除)，组件代码如下：

```
<script setup>
  import { ref } from 'vue'
  const num1 = ref(0)
  const num2 = ref(0)
  const operator = ref('+')
  const result = ref(0)
  const calculate = () => {
    switch (operator.value) {
      case '+':
        result.value = num1.value + num2.value
        break;
      case '-':
        result.value = num1.value - num2.value
        break;
      case '*':
        result.value = num1.value * num2.value;
        break;
      case '/':
        result.value = num1.value / num2.value;
        break;
      default:
        result.value = 0;
    }
  }
</script>
<template>
```

```
<div id="cal">
    <h3>两个数的算术运算器</h3>
    <input type="number" v-model="num1" />
    <select v-model="operator">
      <option value="+">+</option>
      <option value="-">-</option>
      <option value="*">*</option>
      <option value="/">/</option>
    </select>
    <input type="number" v-model="num2" />
    <button @click="calculate">计算</button>
    <p>计算结果: {{ result }}</p>
  </div>
</template>
<style scoped>
  #cal{ width:480px ;border: 1px solid; padding: 10px; }
  button{ width: 100px;}
</style>
```

(3) 在 components 文件夹创建 Footer.vue 组件。该组件固定显示在窗口的底部，组件代码如下：

```
<template>
    <footer class="footer">
        这是脚部(包括版权信息、联系方式等 )
    </footer>
</template>
<style>
  .footer {
      position: fixed; bottom: 0; z-index: 1000;
      width: 100%;  background-color: #333;
      color: #fff;text-align: center; line-height: 50px;
  }
</style>
```

2. 在 App.vue 顶级组件(根组件)中组织页面

导入上述创建的三个组件，在使用<script setup>的单文件组件中，导入的组件可以直接在模板中使用。案例中要求算术运算器在窗口的中部显示，所以算术运算器组件(ArithmeticCalculator)应该在中间。App.vue 的代码如下：

```
<script setup>
  import ArithmeticCalculator from './components/ArithmeticCalculator.vue'
```

```
import Header from './components/Header.vue'
import Footer from './components/Footer.vue';
</script>
<template>
    <Header></Header>
    <div class="main">
      <ArithmeticCalculator></ArithmeticCalculator>
    </div>
    <Footer></Footer>
</template>
<style>
*{padding: 0; margin: 0;}
.main {
  display: flex;
  justify-content: center;
  align-items: center;
  height: 100vh;
}
</style>
```

3. 在 src\main.js 文件中创建 Vue 实例并设置根组件

代码如下：

```
import { createApp } from 'vue'
import App from './App.vue'          //项目运行显示的页面组件
createApp(App).mount('#app')
```

4. 运行测试项目

打开浏览器，在地址栏输入 http://localhost:5173 后按回车键，出现如图 6-18 所示的界面。注意：如没有启动项目，则先运行 npm run dev 指令启动项目。

第 7 章　Vue 组件通信

组件化是 Vue 框架的核心概念之一。组件之间的通信允许组件在不同的层级和结构下进行协作，组件之间的通信是构建复杂应用程序时必不可少的一部分。

7.1　组件注册

一个 Vue 组件在使用前需要先被"注册"，这样 Vue 才能在渲染模板时找到其对应的实例。组件注册有两种方式：全局注册和局部注册。

7.1.1　全局注册及调用

使用 Vue 应用实例的 component 方法注册全局组件，让组件在当前 Vue 应用中全局可用，语法：

```
import { createApp } from 'vue'
const app = createApp({})
app.component(参数 1，参数 2)
```

component 方法的说明：

(1) 参数 1：组件注册的名称。名称要符合 JavaScript 标识符的命名规则，使用 PascalCase(首字母大写命名)作为组件名的注册格式，调用时可以使用 kebab-case 格式的标签或 PascalCase 格式的标签。

(2) 参数 2：要注册的组件。如使用单文件组件，则可以注册被导入的 .vue 文件。全局注册的组件可以在此应用的任意组件模板中使用，调用组件与使用标签的方法一致。例如注册名为 MyComponent 的组件，在模板中可以通过<MyComponent>或<my-component>调用。

示例 7-1　把一个按钮组件注册为全局组件，示例如下：

(1) 创建 src\components\chapter7\demo1.vue 文件。

(2) 创建 src\components\chapter7\MyButton.vue 文件(按钮组件)，代码如下：

```
<template>
  <div>
    <button>确定</button>
  </div>
</template>
<style scoped>
  button{
    width: 110px;
    height: 40px;
    border-radius:10px;
    border: 0;
    background: blue;
    font-size: 17px;
    color: #fff;
    cursor: pointer;
    }
</style>
```

(3) 修改 src\main.js 文件，把按钮组件注册成全局组件，切换页面中显示的组件，代码如下：

```
import { createApp } from 'vue'
import App from './components/chapter7/demo1.vue'; //页面中显示的组件
import MyButton from './components/chapter7/MyButton.vue'
const app =createApp(App)
app.component('MyButton',MyButton)
app.mount('#app')
```

(4) 在 demo1.vue 组件中调用按钮组件，demo1.vue 中的代码如下：

```
<template>
  <div>
    <MyButton></MyButton>
  </div>
</template>
```

保存上述代码，在浏览器中访问 http://localhost:5173/，效果如图 7-1 所示。

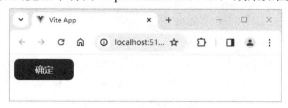

图 7-1 运行效果

7.1.2　局部注册及调用

在使用<script setup>语法的单文件组件中，导入的组件可以直接在模板中使用，无须注册。导入的组件即为局部组件，局部组件需要在使用它的父组件中显式导入，并且只能在该父组件中使用。

示例 7-2　局部组件使用示例如下：

(1) 创建 src\components\chapter7\ButtonCounter.vue 文件，代码如下：

```
<script setup>
  import { ref } from 'vue'
  const count=ref(0)
  const add=()=>{count.value++}
</script>
<template>
   <div>
   <button v-on:click="add">
     单击我{{ count }}次
   </button
   </div>
</template>
```

(2) 创建 src\components\chapter7\demo2.vue 文件，调用 ButtonCounter.vue 组件，代码如下：

```
<script setup>
  import ButtonCounter from './ButtonCounter.vue';
</script>
<template>
  <div>
  <ButtonCounter></ButtonCounter>
  <ButtonCounter></ButtonCounter>
  </div>
</template>
```

(3) 修改 src\main.js 文件，切换页面中显示的组件，代码如下：

```
import App from './components/chapter7/demo2.vue'
```

保存上述代码，在浏览器中访问 http://localhost:5173/。打开 Vue Devtools 视图，在页面上单击第一个按钮 2 次，单击第二个按钮 4 次，效果如图 7-2 所示。在 Vue Devtools 视图中可以看到 Demo2 组件下有两个 ButtonCounter 子组件。

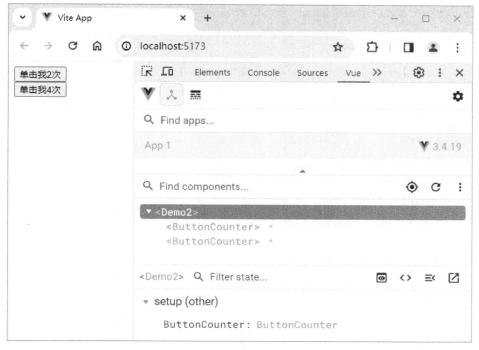

图 7-2　运行效果

ButtonCounter 组件被调用了两次，每个组件的实例数据都是独立的，所以单击各按钮，数据都互不影响。

7.2　组件的层级关系

网页能合理分割成很多组件，组件可以嵌套组件，形成组件的层级关系，如父子关系、兄弟关系等。组件的层级关系是在调用时确定的。

示例 7-3　组件的层级关系示例如下：

（1）创建 src\components\chapter7\demo3.vue 文件，在该组件中调用 First、Second、Third 组件，具体代码如下：

```
<template>
  <div>
    <First></First>
    <Second></Second>
    <Third></Third>
  </div>
</template>
```

(2) 创建 src\components\chapter7\First.vue 文件，代码如下：

```
<template>
    <div>
        <h3>我是第 1 个组件</h3>
    </div>
</template>
<style scoped>
    div{
        border: 1px solid blue;
        margin: 10px;
    }
</style>
```

(3) 创建 src\components\chapter7\Second.vue 文件，在该组件中调用 First 组件，代码如下：

```
<template>
    <div>
        <h3>我是第 2 个组件</h3>
        <First></First>
    </div>
</template>
<style scoped>
    div{
        border: 1px solid blue;
        margin: 10px;
    }
</style>
```

(4) 创建 src\components\chapter7\Third.vue 文件，在该组件中调用 First 组件，代码如下：

```
<template>
    <div>
        <h3>我是第 3 个组件</h3>
        <First></First>
    </div>
</template>
<style scoped>
    div{
        border: 1px solid blue;
        margin: 10px;
    }
</style>
```

（5）修改 src\main.js 文件，把 First、Second、Third 组件注册成全局组件，切换页面中
显示的组件，代码如下：

```
import { createApp } from 'vue'
import App from './components/chapter7/demo3.vue';
import First from './components/chapter7/First.vue'
import Second from './components/chapter7/Second.vue'
import Third from './components/chapter7/Third.vue'
const app =createApp(App)
app.component('First',First)
app.component('Second',Second)
app.component('Third',Third)
app.mount('#app')
```

保存上述代码，在浏览器中访问 http://localhost:5173/，打开 Vue Devtools 视图，效果
如图 7-3 所示。

图 7-3　运行效果

该示例中定义了 First、Second、Third 的三个全局组件，在 Second、Third 组件中都调
用了 First 组件，Second 与 First、Third 与 First 即是父子关系。在 Demo3 组件中同时调用
了 First、Second、Third 组件，这三个组件又是平级的兄弟关系。即组件的层次关系是在调
用时确定的。

7.3　父子组件之间的通信

组件默认只能调用自己的属性和方法，不能调用其他组件的属性和方法，如要调用就需要用到数据通信。父子组件的通信方式有如下几种。

7.3.1　Props 传值(父组件传递数据给子组件)

组件实例的作用域是孤立的，这意味着不能并且不应该在子组件的模板内直接引用父组件的数据。子组件需要获取父组件的数据时，应显式声明它所接受的 Props 属性，在使用<script setup>的单文件组件中，Props 可以使用 defineProps()宏来声明。

在子组件中定义结构，在父组件中定义数据。在调用子组件时，通过绑定属性来传值，在子组件中使用 defineProps()宏来声明属性以接收父组件传来的数据。

示例 7-4　Props 传值示例如下：

(1) 创建 src\components\chapter7\demo4\Child.vue 文件，代码如下：

```
<script setup>
  const props=defineProps(['stage','open'])
</script>
<template>
  <div>
     <h2>{{stage}}招生报名系统</h2>
     <h3 v-show='!open'>没到报名时间，系统暂没有开放！</h3>
  </div>
</template>
<style scoped>
  div{
     border: 1px solid blue; margin:10px;
  }
</style>
```

(2) 创建 src\components\chapter7\demo4\Parent.vue 文件，代码如下：

```
<script setup>
  import { ref } from 'vue'
  import Child from './Child.vue'
  let gradation=ref('小学')
  let start=ref(false)
```

```
</script>
<template>
  <div>
    <select v-model="gradation">
    <option value="小学">小学</option>
    <option value="初中">初学</option>
    <option value="高中">高学</option>
    </select>
    <input type="checkbox" v-model="start" >开始招生
      <Child   stage="高中" :open="false"></Child>
      <Child :stage="gradation" v-bind:open="start"></Child>
  </div>
</template>
<style scoped>
</style>
```

(3) 修改 src\main.js 文件，切换页面中显示的组件。

```
import App from './components/chapter7/demo4/Parent.vue';
```

　　保存上述代码，在浏览器中访问 http://localhost:5173/，打开 Vue Devtools 视图，效果如图 7-4 所示。

图 7-4　运行效果

Props 传值方式如下：

1. 字面量语法(传递具体固定的数据)

在示例 7-4 中在 Child 组件中通过 defineProps(['stage','open'])声明 stage 和 open 两个属

性。在 Parent 组件中第一次调用 Child 组件<Child stage = "高中" :open = "false"></Child>，通过 stage 属性把数据"高中"传给了 Child 组件，通过绑定 open 属性把数据"false"传给了 Child 组件。这种通过字面量传值的方式，值是固定的，不能变化。这种传递具体固定的数据的方式除字符串类型的数据不用绑定外，其他类型的数据都要绑定。Props 传值过程如图 7-5 所示。

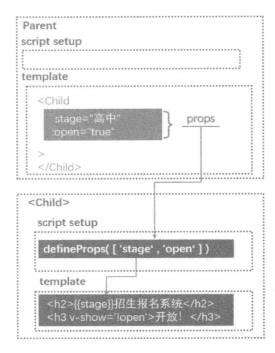

图 7-5　Props 传值过程

2. 动态语法

类似于用 v-bind 将 HTML 元素属性绑定到一个表达式上，可以用 v-bind 将动态 Props 绑定到父组件的数据上，每当父组件的数据变化时，该变化也会传导给子组件。

在示例 7-4 中在父组件 Parent 中第二次调用 Child 组件<Child :stage = "gradation" v-bind:open = "start"></Child>，通过 v-bind 指令绑定这两个属性，接收父组件传来的数据。在图 7-4 所示的界面中，单击下组合框选择"初中"更改 gradation 的值，子组件 stage 属性的值随着改变。

3. 声明 Props

在示例 7-4 中，在 Child 子组件中 const props = defineProps(['stage','open'])，使用字符串数组来声明 Props。除此之外，还可以使用对象的形式来声明 Props。对象形式声明 Props，可以为 Props 指定验证要求。可以确保组件被其他人正确地使用。

在示例 7-4 中 const props = defineProps(['stage','open'])，如需要验证传值的类型，则声明为：const props = defineProps({stage:String, open:Boolean})。如果要求属性必须传值，则声明为：

```
const props=defineProps({
```

```
stage:{
    type:String,
    required:true,
},
open:{
    type:Boolean,
    required:true}})
```

还可以自定义函数来验证所传递的数据必须要满足的条件，如 stage 的值必须是"小学"或"初中"或"高中"，不能是其他的值，则声明为：

```
const props=defineProps({
    stage:{
        type:String,
        required:true,
        validator(value) {
        return ['小学', '初中', '高中'].includes(value)
        }
    },
    open:{
        type:Boolean,
        required:true}})
```

当 Props 验证失败时，Vue 将拒绝在子组件上设置此值。

7.3.2　插槽 slot(父组件传模板内容给子组件)

Props 传值组件能够接收任意类型的 JavaScript 值，如果组件要接收模板内容，则需要用插槽来接收，为了更加全面地理解插槽的使用，可以从如下三方面进行探讨。

1. 插槽内容与插槽出口

插槽必须在有父子关系的组件中使用，在子组件的模板中写入插槽<slot>用来占位(插槽出口)，在父组件调用时把模板内容插入(插槽内容)。

示例 7-5　插槽应用示例如下：

(1) 创建 src\components\chapter7\v-slots\FancyButton.vue 文件，代码如下：

```
<template>
<button>
    <slot></slot> <!-- 插槽出口 -->
</button>
</template>
```

(2) 创建 src\components\chapter7\ v-slots\Demo5.vue 文件，代码如下：

```
<script setup>
    import FancyButton from './FancyButton.vue'
</script>
<template>
  <div>
    <FancyButton>
        单击我！  <!-- 插槽内容 -->
    </FancyButton>
  </div>
</template>
```

(3) 修改 src\main.js 文件，切换页面中显示的组件。

```
import App from './components/chapter7/v-slots/Demo5.vue';
```

保存上述代码，在浏览器中访问 http://localhost:5173/，打开开发者工具中的 Elements 面板，效果如图 7-6 所示。

图 7-6　运行效果

<slot>元素是一个插槽出口，标示了父元素提供的插槽内容将在哪里被渲染。插槽接收模板内容如图 7-7 所示。

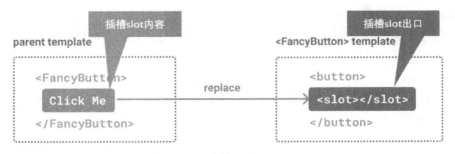

图 7-7　插槽接收模板内容

在父组件中调用<FancyButton>Click Me</FancyButton>组件，传入"Click Me"替换掉 FancyButton 组件中的<slot></slot>，最终渲染出的 DOM 是<button> Click Me </button>。

插槽内容可以是任意合法的模板内容，不局限于文本。例如可以传入多个元素，甚至是组件。

2. 插槽内容的默认值、演染作用域

插槽内容的默认值：<slot>标签之间的内容用来作为插槽的默认内容，当父组件没有提供任何插槽内容时，插槽内容就是默认内容。

演染作用域：插槽内容可以使用父组件的数据，但无法访问子组件的数据。

示例 7-6　插槽内容的默认值、演染作用域示例如下：

(1) 创建 src\components\chapter7\v-slots\SubmitButton.vue 文件，代码如下：

```
<template>
  <button type="submit">
    <slot>
      提交 <!-- 默认内容 -->
    </slot>
  </button>
</template>
```

(2) 创建 src\components\chapter7\ v-slots\Demo6.vue 文件，代码如下：

```
<script setup>
  import { ref} from 'vue'
  import SubmitButton from './SubmitButton.vue'
  const  txt=ref('登录')
</script>
<template>
  <div>
    <SubmitButton></SubmitButton>
    <SubmitButton>保存</SubmitButton>
    <SubmitButton>{{txt}}</SubmitButton>
  </div>
</template>
```

(3) 修改 src\main.js 文件，切换页面中显示的组件，代码如下：

```
import App from './components/chapter7/v-slots/Demo6.vue';
```

保存上述代码，在浏览器中访问 http://localhost:5173/，打开开发者工具中的 Elements 面板，效果如图 7-8 所示。

图 7-8　运行效果

在父组件中第一次调用<SubmitButton></SubmitButton>组件，因为没有传入内容，所以使用默认内容渲染，默认内容是"提交"，渲染出的 DOM 是<button type = "submit">提交</button>；第二次调用<SubmitButton>保存</SubmitButton>，传入了内容，传入的内容替换了默认内容；第三次调用<SubmitButton>{{txt}}</SubmitButton>，插槽内容使用了父组件中的数据，最终渲染出的 DOM 是<button type = "submit">登录</button>。

3. 具名插槽与作用域插槽

具名插槽：有时一个组件中包含多个插槽出口，<slot>元素有一个特殊的 name 属性，可以用来给各个插槽分配唯一的 ID。

作用域插槽：插槽的内容无法访问到子组件的状态，但在某些场景下插槽的内容会用到子组件域内的数据。与对组件传递 Props 类似，可以向一个插槽的出口传递 Props。

1) 在子组件中定义插槽

其语法：

<slot name="插槽名" v-bind:属性(prop)= '表达式'>插槽默认的内容</slot>

说明：

(1) 为区分不同的插槽，通过 name 给插槽命名，一个不带 name 的<slot>会有隐含的名字"default"。

(2) 如果要在一个插槽内容中使用子组件中的数据,可以通过 v-bind 指令绑定属性 prop 传递数据。

2) 在父组件调用插槽

其语法：

<template v-slot: 插槽名='props 对象'>插入的内容</template>

说明：

（1）v-slot 指令可以缩写成：#;插槽名(可选，默认值是 default)；v-slot 指令限用于 <template>标签中。"props 对象"用于接收插槽传入的数据。

（2）插入的内容可以包含任何模板代码，包括 HTML，甚至其他的组件。插入的内容插入到"v-slot:插槽名"指定的"插槽名"命名的插槽中。如果没有指定插槽名，插入的内容则插入到没有命名的插槽中。

（3）如果父组件调用的有插槽的子组件没有传入内容时，就会显示插槽默认的内容。

示例 7-7　具名插槽与作用域插槽使用示例如下：

（1）创建 src\components\chapter7\v-slots\ChildA.vue 文件，代码如下：

```
<script setup>
  import { ref } from 'vue'
  const address=ref('广西北海')
  const phone=ref('88888888')
</script>
<template>
  <div>
    <h4>我是子组件</h4>
    <header>
      <slot name="header">我是默认头部</slot>
    </header>
    <main>
      <slot>我是默认主体内容</slot>
    </main>
    <footer>
      <slot name="footer" :address='address' :phone="phone">我是默认脚部内容</slot>
    </footer>
  </div>
</template>
```

（2）创建 src\components\chapter7\ v-slots\Demo7.vue 文件，代码如下：

```
<script setup>
  import ChildA from "./ChildA.vue";
</script>
<template>
  <div>
    <h4>我是父组件</h4>
    <ChildA>
      <template v-slot:header>
        <p>我是头部的内容</p>
      </template>
      <p>我是主体内容</p>
```

```
<template #footer={address,phone}>
    <p>地址：{{address}} 电话：{{phone}}</p>
</template>
</ChildA>
</div>
</template>
<style scoped>
    div{border:1px solid black; padding: 10px;}
</style>
```

(3) 修改 src\main.js 文件，切换页面中显示的组件，代码如下：

```
import App from './components/chapter7/v-slots/Demo7.vue';
```

保存上述代码，在浏览器中访问 http://localhost:5173/，打开开发者工具的 Elements 视图，效果如图 7-9 所示。

图 7-9　运行效果

示例 7-7 中，在子组件 ChildA 中定义了三个插槽，第一个和第三个是有命名的插槽，在父组件调用该子组件时，通过"v-slot:插槽名"对应子组件的插槽。当组件渲染时，父组件传入的内容插入到"v-slot:插槽名"对应的插槽中，<slot></slot> 中的默认内容被传入的内容替换，没有指定插槽名的内容插入到默认插槽中。第三个插槽绑定了要在插槽内容中使用的数据 address 和 phone，在父组件中通过#footer = {address,phone}来接收这两个数据。

7.3.3　组件事件(子传父)

组件自定义事件的触发与监听。在子组件中触发自定义事件，父组件中监听自定义事件，事件处理函数定义在父组件中。触发组件事件有如下两种方式。

1. 调用$emit 方法触发事件

在组件的模板表达式中，可以直接使用$emit 方法触发自定义事件，在触发事件时可以附带一个特定的值传给父组件，语法：$emit('自定义事件名'，传给父组件的数据)。在父组件中通过 v-on(缩写为@)来监听事件。

示例 7-8　$emit 方法触发事件示例如下：

(1) 创建 src\components\chapter7\emit\Child.vue 文件，代码如下：

```
<script setup>
  import { ref } from 'vue'
  const msg=ref('hello')
 </script>
<template>
   <button @click="$emit('someEvent',msg)">单击我！</button>
</template>
```

(2) 创建 src\components\chapter7\ emit\Demo8.vue 文件，代码如下：

```
<script setup>
  import Child from './Child.vue'
  const callback=(value) => {
    console.log("父组件的方法");
    console.log(`接收到的：${value}`);
  }
</script>
<template>
    <Child @some-event="callback"></Child>
</template>
```

(3) 修改 src\main.js 文件，切换页面中显示的组件，代码如下：

```
import App from './components/chapter7/v-slots/Demo8.vue';
```

保存上述代码，在浏览器中访问 http://localhost:5173/，单击"单击我！"按钮，打开开发者工具的 Console 视图，效果如图 7-10 所示。

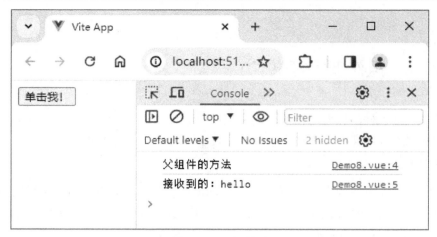

图 7-10　运行效果

事件的触发、监听及数据传递图解如图 7-11 所示。

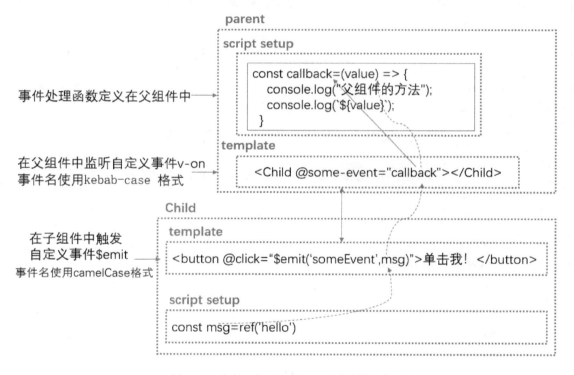

图 7-11　事件的触发、监听及数据传递图解

2. 调用 defineEmits()宏来声明触发的事件

在<template>中使用的$emit 方法不能在组件的<script setup>部分中使用,但 defineEmits() 会返回一个相同作用的函数供使用。

修改示例 7-8 中的 Child.vue 文件,代码如下:

```
<script setup>
  import { ref } from 'vue'
```

```
    const msg=ref('hello')
const emit = defineEmits(['someEvent'])
    const clickHandle=()=>{
      emit('someEvent',msg.value)
    }
</script>
<template>
  <div>
    <button @click='clickHandle'>click me</button>
  </div>
</template>
```

保存上述代码，在浏览器中访问 http://localhost:5173/，单击"单击我！"按钮，打开开发者工具的 Console 视图，效果如图 7-10 所示。

7.3.4　组件 v–model

v-model 可以在组件上使用以实现双向绑定。父组件调用子组件时用 v-model 绑定一个值，在子组件中的 defineModel()返回该值，返回的值是一个 ref。它可以像其他 ref 一样被访问以及修改，并能起到在父组件和当前变量之间双向绑定的作用。

当多个 v-model 绑定时，每个 v-model 都可以接收一个参数，在子组件中，可以将该参数字符串作为第一个参数传递给 defineModel()。

示例 7-9　组件 v-model 使用示例：

(1) 创建 src\components\chapter7\defineModel\Child.vue 文件，代码如下：

```
<script setup>
  const model = defineModel()
  function update() {
    model.value++
  }
  const tit= defineModel('tit')
</script>
<template>
  <h3>子组件</h3>
  <p>父组件 v-model 不带参绑定: {{ model }}</p>
  <p><input v-model="model" /></p>
  <p><button @click="update">加 1</button></p>
  <p>父组件 v-model 带参绑定: {{ tit }}</p>
  <p><input v-model="tit" /></p>
</template>
```

(2) 创建 src\components\chapter7\ defineModel\Demo9.vue 文件，代码如下：

```
<script setup>
  import { ref } from 'vue'
  import Child from './Child.vue'
  const count = ref('100')
  const title=ref('hello')
</script>
<template>
  <div>
    <h3>父组件</h3>
    <input type="text" v-model="count" />
    <p>{{title}}---{{count}}</p>
    <Child v-model="count" v-model:tit="title"></Child>
  </div>
</template>
```

(3) 修改 src\main.js 文件，切换页面中显示的组件，代码如下：

```
import App from './components/chapter7/defineModel/Demo9.vue';
```

保存上述代码，在浏览器中访问 http://localhost:5173/，效果如图 7-12 所示。

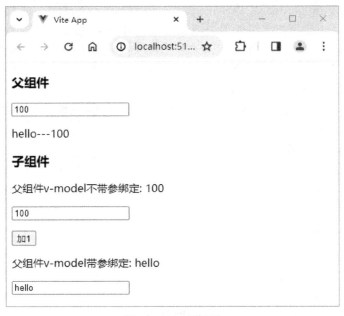

图 7-12　运行效果

示例 7-9 中父组件调用子组件时 v-model = "count"绑定 count，在子组件中通过 const model = defineModel()定义 model 与父组件中 count 对应。父组件调用子组件时 v-model:tit = "title"绑定 title，在子组件中 const tit = defineModel('tit')，defineModel 函数传入了 v-model 的参数 tit 作为参数，通过定义的 tit 与父组件中的 title 对应。

在父组件中修改值，子组件中的相应的值随着修改；在子组件中修改值，父组件中的相应的值也随着修改。

7.3.5　透传 Attributes

"透传 Attributes"指的是传递给一个组件，却没有被该组件声明为 props 或 emits 的 Attribute 或 v-on 事件监听器。最常见的例子就是 class、style 和 id。为了更好地理解 Attributes 的透传，可以从以下三方面进行探讨。

1. Attributes 继承及 v-on 监听器继承

透传过来的 Attributes 和监听器在组件中继承，分两种情况：如果组件以单个元素为根渲染时，会自动被添加到根元素上；如果组件有多个根节点，则没有自动继承透传行为。

示例 7-10　使用透传 Attributes 示例如下：

(1) 创建 src\components\chapter7\Attributes\Child.vue 文件，代码如下：

```
<script setup>
  const props=defineProps(['stage','open'])
</script>
<template>
  <div>
      <h2>{{stage}}招生报名系统</h2>
      <h3 v-show='!open'>系统暂没有开放！</h3>
  </div>
</template>
<style scoped>
    div{
        border: 1px solid blue; margin:10px;
    }
</style>
```

(2) 创建 src\components\chapter7\ Attributes\Demo10.vue 文件，代码如下：

```
<script setup>
  import Child from './Child.vue'
  const onclick=() => {
    console.log("父")
  }
</script>
<template>
    <Child
        stage="高中"
```

```
:open="false"
class='fontStyle'
flag="on"
@click="onclick"
></Child>
</template>
<style scoped>
.fontStyle{ font-style: italic;}
</style>
```

(3) 修改 src\main.js 文件，切换页面中显示的组件，代码如下：

```
import App from './components/chapter7/Attributes/Demo10.vue';
```

保存上述代码，在浏览器中访问 http://localhost:5173/，打开开发者工具的 Elements 视图，效果如图 7-13 所示。

图 7-13　运行效果

示例 7-10 中 stage、open 被子组件声明为 props，class、flag、@click 是透传进来自动添加到子组件的根元素 div 上的，最终渲染完成的 DOM 如图 7-13 所示。

修改示例 7-10 中的 Child.vue 文件，去掉元素 div，代码如下：

```
<script setup>
  const props=defineProps(['stage','open'])
</script>
<template>
    <h2>{{stage}}招生报名系统</h2>
    <h3 v-show='!open'>系统暂没有开放！</h3>
 </template>
<style scoped>
    div{
        border: 1px solid blue; margin:10px;
```

```
    }
  </style>
```

此时该组件有两个根节点，保存上述代码，在浏览器中访问 http://localhost:5173/，打开开发者工具的 Elements 视图，效果如图 7-14 所示。

图 7-14　运行效果

透传进来的 class、flag、@click 并没有自动添加到任何元素上，最终渲染成的 DOM 如图 7-14 所示。

2. 禁用 Attributes 继承

如果不允许组件自动地继承透传，可以直接在<script setup>中使用 defineOptions：

```
<script setup>
defineOptions({
  inheritAttrs: false
})
…
</script>
```

禁用 Attributes 继承和有多个根节点的组件都没有自动继承透传，都可以在模板的表达式中直接用$attrs 访问使用透传进来的 Attribute。

修改示例 7-10 中的 Child.vue 文件，代码如下：

```
<script setup>
  defineOptions({
  inheritAttrs: false
  })
  const props=defineProps(['stage','open'])
</script>
<template>
  <div>
      <h2 v-bind="$attrs" >{{stage}}招生报名系统</h2>
      <h3 v-show='!open' :class=" $attrs['class']"> {{$attrs}}</h3>
```

```
        </div>
    </template>
    <style scoped>
        div{
            border: 1px solid blue; margin:10px;
        }
    </style>
```

保存上述代码，在浏览器中访问 http://localhost:5173/，打开开发者工具的 Elements 视图，效果如图 7-15 所示。

图 7-15　运行效果

示例中禁用 Attributes 继承，所以即使单个元素为根，透传 Attributes 也没有自动添加到根元素 div 上。可以通过$attrs 访问到透传进来的 Attribute，并根据需要应用透传 Attribute。示例<h2 v-bind = "$attrs">中，v-bind 没有参数，它会将一个对象的所有属性都作为 Attribute 应用到目标元素上。

3. 在 JavaScript 中访问透传 Attributes

在<script setup>中可以使用 useAttrs()来访问一个组件的所有透传 Attribute：

```
    <script setup>
        import { useAttrs } from 'vue'
        const attrs = useAttrs()
    </script>
```

修改示例 7-10 中的 Child.vue 文件，代码如下：

```
    <script setup>
        defineOptions({
        inheritAttrs: false
        })
        const props=defineProps(['stage','open'])
        import { useAttrs } from 'vue'
        const attrs = useAttrs()
        console.log(attrs);
        console.log(attrs['class']);
```

```
</script>
<template>
  <div>
      <h2 v-bind="attrs" >{{stage}}招生报名系统</h2>
      <h3 v-show='!open' :class="attrs['class']"> {{attrs}}</h3>
  </div>
</template>
<style scoped>
  div{
      border: 1px solid blue; margin:10px;
  }
</style>
```

保存上述代码，在浏览器中访问 http://localhost:5173/，打开开发者工具的 Console 视图，效果如图 7-16 所示。

图 7-16　运行效果

7.3.6　子组件暴露属性和方法给父组件

使用<script setup>的组件默认不会暴露任何在<script setup>中的声明，但可以通过 defineExpose 编译器宏来显式指定暴露在<script setup>中的声明。

示例 7-11　子组件暴露属性和方法给父组件的示例如下：

(1) 创建 src\components\chapter7\defineExpose\Child.vue 文件，代码如下：

```
<script setup>
  import { ref } from 'vue'
  const msg=ref('子组件暴露的属性')
  const handleClick = () => {
    console.log('子组件暴露的方法')
  }
  defineExpose( { msg , handleClick } )
```

```
</script>
<template>
</template>
```

(2) 创建 src\components\chapter7\ defineExpose\Demo11.vue 文件，代码如下：

```
<script setup>
  import { onMounted, ref } from 'vue'
  import Child from './Child.vue'
  const sub=ref()
  const dk=() => {
    console.log(sub.value.msg);
    sub.value.handleClick()
    }
  onMounted(()=>{
    console.log(sub.value.msg);
    sub.value.handleClick()
   })
</script>
<template>
  <div>
    <Child ref="sub"></Child>
    <button @click="dk" ref="btn">点击</button>
  </div>
</template>
```

(3) 修改 src\main.js 文件，切换页面中显示的组件，代码如下：

```
import App from './components/chapter7/defineExpose/Demo11.vue';
```

保存上述代码，在浏览器中访问 http://localhost:5173/，单击"点击"按钮，打开开发者工具的 Console 视图，效果如图 7-17 所示。

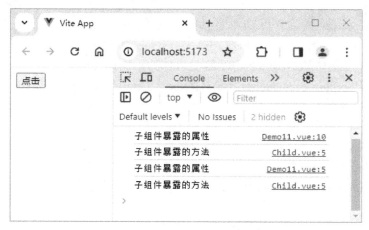

图 7-17   运行效果

在 Child 组件中通过 defineExpose({ msg , handleClick})暴露 msg 属性和 handleClick 方法，在父组件通过模板引用 ref 的方式获取到组件的实例 sub，暴露的数据就在该实例中。

7.4　跨级组件通信

7.4.1　依赖注入

provide 和 inject 可以实现跨级组件通信。一个父组件相对于其所有的后代组件，会作为依赖提供者。任何后代的组件树，无论层级有多深，都可以注入由父组件提供给整条链路的依赖。

为了更好地理解 provide 和 inject 的用法，可以从以下两个方面进行探讨。

1. 组件中提供依赖

要为组件后代提供数据，需要使用到 provide()函数。provide(参数 1，参数 2)函数接收两个参数：第一个参数被称为注入名，可以是一个字符串或是一个 Symbol；第二个参数是值。后代组件会用注入名来查找期望注入的值。一个组件可以多次调用 provide()，使用不同的注入名，注入不同的依赖值。

后代组件要注入上层组件提供的数据，需使用 inject()函数，inject()函数接收一个注入名，可以用注入名来查找期望注入的值。

示例 7-12　provide 和 inject 使用示例：

(1) 创建 src\components\chapter7\ inject-provide\Demo12.vue 文件，代码如下：

```
<script setup>
  import { ref, provide} from 'vue'
  import Child1 from './Child1.vue'
  import Child2 from './Child2.vue'
  const title = ref('hello')
  provide('title', title)
  provide('count', 100)
</script>
<template>
  <div>
  <h3>Parent</h3>
    <input type="text" v-model="title" />
    <Child1></Child1>
```

```
      <Child2></Child2>
    </div>
  </template>
```

(2) 创建 src\components\chapter7\inject-provide\Child1.vue 文件，代码如下：

```
  <template>
    <div>
      <h3>child1</h3>
    </div>
  </template>
```

(3) 创建 src\components\chapter7\inject-provide\Child2.vue 文件，代码如下：

```
  <script setup>
    import { inject } from 'vue'
    import GrandSon from './Grandson.vue'
    const title = inject('title')
    const count = inject('count')
  </script>
  <template>
    <div>
      <h3>child2</h3>
      <p>{{title}}---{{count}} </p>
      <GrandSon></GrandSon>
    </div>
  </template>
```

(4) 创建 src\components\chapter7\inject-provide\Grandson.vue 文件，代码如下：

```
  <script setup>
    import { inject } from 'vue'
    const title = inject('title')
    const count = inject('count')
  </script>
  <template>
    <div>
      <h3>grandson</h3>
      <p>{{title}}---{{count}} </p>
    </div>
  </template>
```

(5) 修改 src\main.js 文件，切换页面中显示的组件，代码如下：

```
  import App from './components/chapter7/inject-provide/Demo12.vue';
```

保存上述代码，在浏览器中访问 http://localhost:5173/，打开 Vue 调试工具视图，效果如图 7-18 所示。

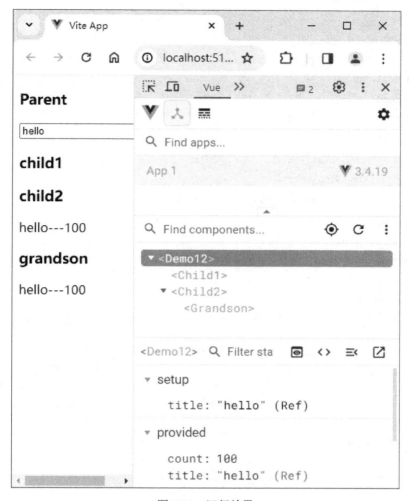

图 7-18   运行效果

示例 7-12 中在父组件 Demo12.vue 中提供了 title 和 count 两个数据，在子组件 Child2
和孙组件 Grandson 中都能注入这两个数据。

2. 应用层面提供依赖

除了在一个组件中提供依赖，还可以在整个应用层面提供依赖。

修改示例 7-12 的 Demo12.vue 文件，代码如下：

```
<script setup>
    import { inject } from 'vue'
    import Child1 from './Child1.vue'
    import Child2 from './Child2.vue'
    const title = inject('title')
    const count = inject('count')
</script>
<template>
```

```
<div>
  <h3>Parent</h3>
  <p>{{title}}---{{count}} </p>
  <Child1></Child1>
  <Child2></Child2>
</div>
</template>
```

修改示例 7-12 的 main.js 文件，代码如下：

```
import { ref,createApp } from 'vue'
import App from './components/chapter7/inject-provide/Demo12.vue';
const app =createApp(App)
const title = ref('hello')
app.provide('title', title)
app.provide('count', 100)
app.mount('#app')
```

保存上述代码，在浏览器中访问 http://localhost:5173/，打开 Vue 调试工具视图，效果如图 7-19 所示。

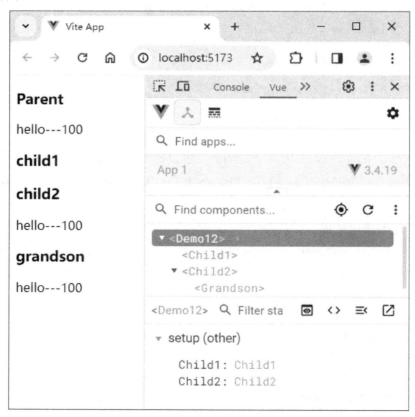

图 7-19　运行效果

示例中通过应用 app.provide('title', title)和 app.provide('count', 100)提供两个数据，这两个数据在所有的组件都可以注入使用。

 ## 7.4.2　全局属性的对象

app.config.globalProperties 对象是一个用于注册且能够被应用内所有组件实例访问到的全局属性的对象。

示例 7-13　app.config.globalProperties 全局属性对象使用示例：

(1) 创建 src\components\chapter7\globalProperties\Demo13.vue 文件，代码如下：

```
<script setup>
  import Child from './Child.vue'
</script>
<template>
  <div>
   <h3>Parent</h3>
   <p>{{title}}---{{count}} </p>
    <Child></Child>
  </div>
</template>
```

(2) 创建 src\components\chapter7\globalProperties \Child.vue 文件，代码如下：

```
<script setup>
  import GrandSon from './Grandson.vue'
</script>
<template>
  <div>
    <h3>child</h3>
    <p>{{title}}---{{count}} </p>
    <GrandSon></GrandSon>
  </div>
</template>
```

(3) 创建 src\components\chapter7\ globalProperties \Grandson.vue 文件，代码如下：

```
<template>
  <div>
   <h3>grandson</h3>
   <p>{{title}}---{{count}} </p>
  </div>
</template>
```

(4) 修改 src\main.js 文件，main.js 文件中的代码如下：

```
import { createApp } from 'vue'
import App from './components/chapter7/globalProperties/Demo13.vue';
const app =createApp(App)
app.config.globalProperties.title='hello'
app.config.globalProperties.count=100
app.mount('#app')
```

保存上述代码，在浏览器中访问 http://localhost:5173/，打开 Vue 调试工具视图，效果如图 7-20 所示。

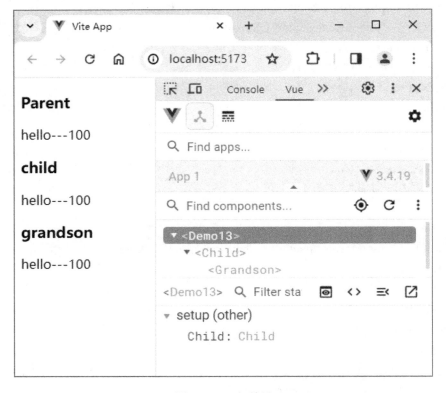

图 7-20　运行效果

globalProperties 对象上的数据在组件的模板中都可以直接使用。如果要在 JavaScript 中访问 globalProperties 对象上的数据，则使用 getCurrentInstance 来访问当前组件的实例对象，并且通过该实例对象使用 globalProperties 中注册的全局属性或方法。

修改示例 7-13 中的 Grandson.vue 文件，代码如下：

```
<script setup>
import {getCurrentInstance } from 'vue'
const { proxy }=getCurrentInstance()
console.log(proxy.title);
console.log(proxy.count);
</script>
```

```
<template>
  <div>
    <h3>grandson</h3>
    <p>{{title}}---{{count}} </p>
  </div>
</template>
```

保存上述代码，在浏览器中访问 http://localhost:5173/，打开开发者工具的 Console 视图，效果如图 7-21 所示。

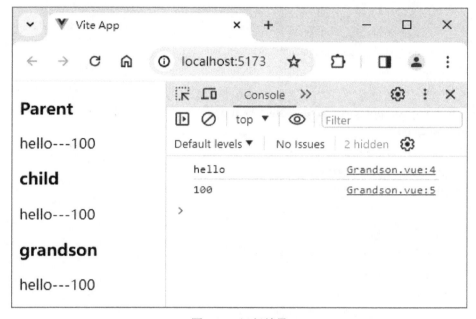

图 7-21　运行效果

 ### 7.4.3　状态管理

需要在多个组件实例间共享状态时，可以使用 reactive() 来创建一个响应式对象，并将它导入到多个组件中。

示例 7-14　多个组件共享状态的示例如下：

(1) 创建 src\components\chapter7\state\store.js 文件，代码如下：

```
import { ref,reactive } from 'vue'
export const show=ref(true)
export const store = reactive({
  count: 0,
  increment() {
    this.count++
```

```
      }
   })
```

(2) 创建 src\components\chapter7\state\Child.vue 文件，代码如下：

```
<script setup>
   import { show,store} from "./store"
</script>
<template>
   <div>
      <h3>子组件</h3>
      <p>{{ show }}----{{ store.count }}</p>
      <button @click="store.increment">加 1</button>
   </div>
</template>
```

(3) 创建 src\components\chapter7\state\Demo.vue 文件，代码如下：

```
<script setup>
   import { show,store} from "./store"
   import Child from './Child.vue'
</script>
<template>
      <h3>父组件</h3>
      <p>{{ show }}----{{ store.count }}</p>
      <Child></Child>
</template>
```

(4) 修改 src\main.js 文件，切换页面中显示的组件，代码如下：

```
import App from './components/chapter7/state/Demo14.vue';
```

保存上述代码，在浏览器中访问 http://localhost:5173/，效果如图 7-22 所示。

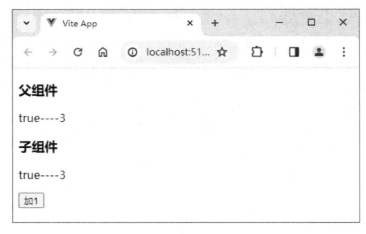

图 7-22   运行效果

　　单击"加 1"按钮，改变 count 的值，父、子组件显示的 count 值都将同时改变，这是因为父、子组件共享同一个 count。

7.5　兄弟组件通信

　　Vue3 中并没有直接提供兄弟组件通信的特定方式，但可以通过前面介绍的一些技术来实现兄弟组件之间的通信，如父组件可以通过 props 将数据传递给兄弟组件，兄弟组件可以通过 emit 发送事件给父组件。再如父组件通过 provide 提供数据，兄弟组件通过 inject 注入数据。可以使用共享的状态等方式实现兄弟组件之间的通信，也可以使用一些第三方库或插件来实现兄弟组件之间的通信，比如 mitt。

第 8 章　Vue 的内置组件与第三方组件库

在 Vue 中，无论是内置组件还是第三方组件，对于要使用这些组件的 Vue 文件来说，它们都是子组件。掌握父组件与子组件之间的通信方式，可以更好地使用内置组件和第三方组件。

8.1　内置组件

Vue 提供了 Transition、TransitionGroup、KeepAlive、Teleport 和 Suspense 五个内置组件。内置组件无须注册，可以直接在其他组件中使用。

8.1.1　Transition 组件

Transition 会在元素或组件进入和离开 DOM 时应用动画。Transition 组件只会把过渡效果应用到其包裹的元素上。当条件渲染(使用 v-if)、条件展示(使用 v-show)、动态组件切换或更改元素的 key 属性时，触发 Transition 组件中的元素进入和离开，Vue 将对这些元素进行以下处理：

(1) 自动嗅探目标元素是否应用了 CSS 过渡或动画，如果是，则在恰当的时机添加/删除 CSS 类名。

(2) 如果过渡组件提供了 JavaScript 钩子函数，那么这些钩子函数将在恰当的时机被调用。

(3) 如果没有找到 JavaScript 钩子函数并且也没有检测到 CSS 过渡/动画，DOM 操作(插入/删除)将在下一帧中立即执行。

以下简介基于 CSS 的过渡效果、CSS 的 animation 及基于 JavaScript 钩子的过渡。

1. 基于 CSS 的过渡效果

1) 过渡类

Transition 组件应用 CSS 过渡或动画时，会在恰当的时机添加/删除 CSS 类。Transition

组件提供如下 6 个过渡类:

(1) v-enter-from:定义进入过渡的开始状态。该过渡类在元素被插入之前生效,在元素被插入之后的下一帧移除。

(2) v-enter-active:定义进入过渡生效时的状态。该过渡类在整个进入过渡的阶段中应用,在元素被插入之前生效,在过渡/动画完成之后移除。这个过渡类可以被用来定义进入过渡的过程时间、延迟和曲线函数。

(3) v-enter-to:定义进入过渡的结束状态。该过渡类在元素被插入之后的下一帧生效(与此同时 v-enter 被移除),在过渡/动画完成之后移除。

(4) v-leave-from:定义离开过渡的开始状态。该过渡类在离开过渡被触发时立刻生效,下一帧被移除。

(5) v-leave-active:定义离开过渡生效时的状态。该过渡类在整个离开过渡的阶段中应用,在离开过渡被触发时立刻生效,在过渡/动画完成之后移除。这个过渡类可以被用来定义离开过渡的过程时间、延迟和曲线函数。

(6) v-leave-to:定义离开过渡的结束状态。该过渡类在离开过渡被触发之后的下一帧生效(与此同时 v-leave 被删除),在过渡/动画完成之后移除。

其中前 3 个类是进入过渡的类,后 3 个类是离开过渡的类。在进入/离开过渡中,这 6 个类之间互相切换。在一个过渡周期中,这 6 个类存在的时间点如图 8-1 所示。

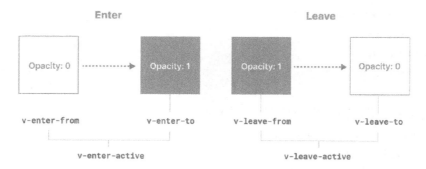

图 8-1 Transition 过渡周期与过渡类存在的时间点

对于这些在过渡中切换的类名来说,如果使用一个没有 name 属性的<Transition>,则 v 是这些类名的默认前缀。如果使用了 name 属性,那么这些类名的前缀就是 name 属性值。如果<Transition name = "my-transition">,那么 v-enter 会替换为 my-transition-enter。

2) 应用过渡的方式

(1)单元素/组件过渡。Transition 组件中只包裹一个元素,在该元素进入或离开时应用过渡动画。

示例 8-1 单元素应用过渡效果示例如下。

① 创建 src\components\chapter8\demo1.vue 文件,代码如下:

```
<script setup>
  import { ref } from 'vue'
  const already = ref(false)
</script>
```

```html
<template>
  <div>
    <input type="checkbox" v-model="already" id="ck" />
      <label for="ck">我已详细阅读报名须知</label>
      <Transition name="fade">
        <p v-if="already"><button>取号预报名</button></p>
      </Transition>
  </div>
</template>
<style scoped>
  /*.fade-enter-from 定义进入过渡的开始状态*/
  /*.fade-leave-to 定义离开过渡的结束状态*/
  .fade-enter-from,.fade-leave-to {
      opacity: 0;
      transform: translateX(100px);
  }
  /*.fade-leave-from 定义离开过渡的开始状态*/
  /*.fade-leave-to 定义进入过渡的结束状态*/
  .fade-leave-from,.fade-enter-to{
    opacity: 1;
    transform: translateX(0px);
  }
  /*定义进入过渡和离开过渡的过程持续时间 */
  .fade-enter-active,.fade-leave-active {
      transition: all 2s;
  }
</style>
```

② 修改 src\main.js 文件，切换页面中显示的组件，具体代码如下：

```js
import App from './components/chapter8/demo1.vue'
```

保存上述代码，在浏览器中访问 http://localhost:5173/，单击选中"我已详细阅读报名须知"复选框，"取号预报名"按钮从右边淡入到左边，运行结果如图 8-2 所示。再次单击取消选中"我已详细阅读报名须知"复选框，"取号预报名"按钮从左边淡出到右边。

图 8-2　运行效果

　　分析：程序中给 Transition 组件设置了 name = "fade"，在定义样式时 fade 为类名的前缀，如该示例中的类：.fade-enter-to、.fade-leave-to、.fade-enter-active、.fade-leave-active。这样，在定义好样式后无须手动引用，Transition 组件在恰当的时机就会为"取号预报名"按钮元素添加和删除这些样式类。

　　(2) 多个元素过渡。Transition 组件中包裹多个元素，这些元素进入或离开时可以应用过渡动画。

　　示例 8-2　多个元素应用过渡效果示例如下：

　　① 创建 src\components\chapter8\demo2.vue 文件，代码如下：

```
<script setup>
  import { ref } from 'vue'
  const already = ref(false)
</script>
<template>
  <div>
    <input type="checkbox" v-model="already" id="ck" />
      <label for="ck">我已详细阅读报名须知</label>
      <Transition name="fade" appear mode="out-in">
          <p v-if="already" key="1"><button>取号预报名</button></p>
          <p v-else key="2"> 先阅读报名须知后报名</p>
      </Transition>
  </div>
</template>
<style scoped>
  /*.fade-enter-from 定义进入过渡的开始状态*/
  /*.fade-leave-to 定义离开过渡的结束状态*/
  .fade-enter-from,.fade-leave-to {
      opacity: 0;
      transform: translateX(100px);
  }
  /*.fade-leave-from 定义离开过渡的开始状态*/
  /*.fade-leave-to 定义进入过渡的结束状态*/
  .fade-leave-from,.fade-enter-to{
      opacity: 1;
      transform: translateX(0px);
  }
  /*定义进入过渡和离开过渡的过程持续时间 */
  .fade-enter-active,.fade-leave-active {
      transition: all 2s;
  }
```

```
</style>
```

② 修改 src\main.js 文件，切换页面中显示的组件，具体代码如下：

```
import App from './components/chapter8/demo2.vue'
```

保存上述代码，在浏览器中访问 http://localhost:5173/，首先看到"先阅读报名须知后报名"从右边淡入到左边，如图 8-3 所示。这是因为 Transition 组件设置了 appear 属性，appear 属性用于设置节点在初始渲染时也应用过渡效果。

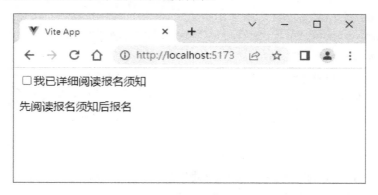

图 8-3   运行效果

单击选中"我已详细阅读报名须知"复选框，"先阅读报名须知后报名"先从左边淡出到右边，接着"取号预报名"按钮从右边淡入到左边，运行结果如图 8-2 所示。这是因为给 Transition 组件设置了 mode 属性，属性值为"out-in"。mode 属性用来设置过渡模式，有 in-out 和 out-in 两种模式。

in-out：新添加的元素先过渡进入，完成之后当前元素过渡离开。

out-in：当前元素先过渡离开，完成之后新添加的元素过渡进入。

(3) 多个组件过渡。在动态组件中也可以应用过渡动画。动态组件是 Vue3 中的一种特殊机制，它允许多个组件共享同一个挂载点，并能够在这些组件之间进行动态切换。这一特性通过内置的<component>组件实现，该组件的 is 属性用于动态绑定组件，决定当前渲染哪个具体组件。

示例 8-3   动态组件应用过渡效果示例如下。

① 创建 src\components\chapter8\component\Pane1.vue 文件，代码如下：

```
<template>
  <div>
      <h3>猜灯谜</h3>
      <p>人无信不立</p>
        <input type="text" placeholder="请输入谜底">
      <button>提交</button>
    </div>
</template>
<style scoped>
  div{ width: 240px;height:220px;border: 1px solid; text-align: center }
```

```
   </style>
```

② 创建 src\components\chapter8\component\Pane2.vue 文件，代码如下：

```
<template>
 <div>
    <h3>文化谚语</h3>
    <p>开水不响</p>
    <input type="text" placeholder="请输入下一句">
    <button>提交</button>
  </div>
</template>
<style scoped>
   div{ width: 240px;height:220px;border: 1px solid; text-align: center }
</style>
```

③ 创建 src\components\chapter8\component\Pane3.vue 文件，代码如下：

```
<template>
  <div>
    <h3>猜成语</h3>
    <p style="text-align: left;">一点儿小火星可以把整个原野烧起来。
    常比喻新生事物开始时力量虽然很小，但有旺盛的生命力，前途无限。</p>
    <input type="text" placeholder="请输入谜底">
    <button>提交</button>
  </div>
</template>
<style scoped>
   div{ width: 240px;height:220px;border: 1px solid; text-align: center }
</style>
```

④ 创建 src\components\chapter8\component\Demo.vue 文件，代码如下：

```
<script setup>
  import { ref } from 'vue'
  import pane1 from './Pane1.vue';
  import pane2 from './Pane2.vue';
  import pane3 from './Pane3.vue';
  const notice=ref(0)
  const panes=[pane1,pane2,pane3]
</script>
<template>
    <div id="sh">
    <input type="radio" name="tab" value="0" v-model="notice">猜灯谜
    <input type="radio" name="tab" value="1" v-model="notice">文化谚语
```

```
<input type="radio" name="tab" value="2" v-model="notice">猜成语
<component :is="panes[notice]" />
</div>
</template>
```

注：panes 数组中存放了三个组件的名称，三个单选按钮的 value 值对应 panes 数组的下标。

⑤ 修改 src\main.js 文件，切换页面中显示的组件，具体代码如下：

```
import App from './components/chapter8/component/Demo.vue'
```

保存上述代码，在浏览器中访问 http://localhost:5173/，效果如图 8-4 所示。

图 8-4　运行效果

该示例中的三个单选按钮双向绑定 notice 数据。单击单选按钮时，相应的 value 值更新 notice 的值，component 组件的 is 属性动态绑定 panes[notice]的值，component 组件依据 is 的值来决定哪个组件被渲染。在浏览器中运行该示例，单击"文化谚语"单选按钮，显示 pane2 组件，效果如图 8-4 所示。此时组件之间的切换并没有过渡动画效果，如果在 component 组件的外层再加上<Transition>组件，就能实现过渡动画。修改示例 8-3 中的 Demo.vue 文件，代码如下：

```
<script setup>
import { ref} from 'vue'
import pane1 from './Pane1.vue';
import pane2 from './Pane2.vue';
import pane3 from './Pane3.vue';
const notice=ref(0)
const panes=[pane1,pane2,pane3]
</script>
```

```
<template>
  <div id="sh">
    <input type="radio" name="tab" value="0" v-model="notice">猜灯谜
    <input type="radio" name="tab" value="1" v-model="notice">文化谚语
    <input type="radio" name="tab" value="2" v-model="notice">猜成语
    <Transition name="slide-fade">
      <component :is="panes[notice]" />
    </Transition>
  </div>
</template>
<style scoped>
  .slide-fade-enter-active, .slide-fade-leave-active {
    transition: all 1s ease;
  }
.slide-fade-leave-from,.slide-fade-enter-to {
    position: absolute;
    left:0;
    opacity: 1;
  }
.slide-fade-enter-from,.slide-fade-leave-to {
    position: absolute;
    left:-100%;
    opacity: 0;
  }
</style>
```

在浏览器中运行程序，单击单选按钮时，组件之间进行切换，此时可以看到过渡效果。

2. CSS 的 animation

原生 CSS 动画和 CSS Transition 的应用方式基本相同。

对于大多数的 CSS 动画，可以简单地在*-enter-active 和*-leave-active 类下声明它们。

示例 8-4　CSS 的 animation 示例如下：

① 创建 src\components\chapter8\demo4.vue 文件，代码如下：

```
<script setup>
  import { ref } from 'vue'
  const already = ref(false)
</script>
<template>
  <div>
    <input type="checkbox" v-model="already" id="ck" />
```

```
        <label for="ck">我已详细阅读报名须知</label>
        <Transition name="fade">
            <p v-if="already"><button>取号预报名</button></p>
        </Transition>
    </div>
</template>
<style scoped>
    /*进入和离开动画的过程中*/
    .fade-enter-active {
        animation: fade-animation 2s;
    }
    .fade-leave-active {
        animation: fade-animation 2s reverse;
    }
    /*定义动画 */
    @keyframes fade-animation {
        0% { opacity: 0; }
        50% { opacity: 0.5;  }
        100% { opacity: 1;  }
    }
</style>
```

② 修改 src\main.js 文件，切换页面中显示的组件，具体代码如下：

```
import App from './components/chapter8/demo4.vue'
```

保存上述代码，在浏览器中访问 http://localhost:5173/，单击选中"我已详细阅读报名须知"复选框，"取号预报名"按钮平滑淡入显示；当再次单击取消选中"我已详细阅读报名须知"复选框时，"取号预报名"按钮平滑淡出消失。

3. 基于 JavaScript 钩子的过渡

通过监听<Transition>组件事件可在过渡过程中挂载钩子函数。

```
<Transition
    @before-enter="onBeforeEnter"
    @enter="onEnter"
    @after-enter="onAfterEnter"
    @enter-cancelled="onEnterCancelled"
    @before-leave="onBeforeLeave"
    @leave="onLeave"
    @after-leave="onAfterLeave"
    @leave-cancelled="onLeaveCancelled"
>
```

```
        <!-- ... -->
    </Transition>
```

在<script setup>中定义如下钩子函数：

(1) function onBeforeEnter(el) {

   //设置元素的 "enter-from" 状态

 }

该钩子函数在元素被插入 DOM 之前被调用。

(2) function onEnter(el, done) {

  //调用回调函数 done 表示过渡结束

  //如果与 CSS 结合使用，则这个回调是可选参数

  done()

 }

该钩子函数在元素被插入 DOM 之后的下一帧被调用，开始进入动画。

(3) function onAfterEnter(el) {}

该钩子函数在进入过渡完成时被调用。

(4) function onEnterCancelled(el) {}

该钩子函数在进入过渡完成之前被取消时被调用。

(5) function onBeforeLeave(el) {}

该钩子函数在 leave 钩子之前被调用。大多数时候，应该只会用到 leave 钩子。

(6) function onLeave(el, done) {

  //调用回调函数 done 表示过渡结束

  //如果与 CSS 结合使用，则这个回调是可选参数

  done()

 }

该钩子函数在离开过渡开始时被调用，开始离开动画。

(7) function onAfterLeave(el) {}

该钩子函数在离开过渡完成且元素已从 DOM 中移除时被调用。

(8) function onLeaveCancelled(el) {}

该钩子函数仅在 v-show 过渡中可用。

这些钩子函数可以与 CSS 过渡或动画结合使用，也可以单独使用。在使用仅由 JavaScript 执行的动画时，最好为 Transition 添加一个 :css = "false" 属性：

```
    <Transition
      ...
      :css="false"
    >
      ...
    </Transition>
```

这显式地向 Vue 表明可以跳过对 CSS 过渡的自动探测。这样做除了能提高程序性能外，还可以防止 CSS 规则意外干扰过渡效果。

示例 8-5　基于 JavaScript 钩子的过渡示例如下。

① 创建 src\components\chapter8\demo5.vue 文件，代码如下：

```html
<script setup>
import { ref } from 'vue'
const already = ref(false)
function onBeforeEnter(el) {
        //设置按钮开始动画之前的透明度 0
        el.style = "opacity: 0";
        console.log("beforeEnter");
    }
function onEnter(el, done) {
    //设置按钮完成动画之后的结束状态样式
    //offsetHeight/offsetWeight 会强制动画刷新
        el.offsetHeight;
        el.style = "opacity: 1";
        console.log("enter");
        //调用回调函数 done 表示过渡结束
        done();
    }
function onAfterEnter(el) {
        console.log("afterEnter");
    }
</script>
<template>
<div>
    <input type="checkbox" v-model="already" id="ck" />
        <label for="ck">我已详细阅读报名须知</label>
        <Transition
        @before-enter="onBeforeEnter"
        @enter="onEnter"
        @after-enter="onAfterEnter">
        <p class="show" v-if="already"> <button>取号预报名</button></p>
    </Transition>
    </div>
</template>
<style scoped>
    .show { transition: all 2s; }
</style>
```

② 修改 src\main.js 文件，切换页面中显示的组件，具体代码如下：

import App from './components/chapter8/demo5.vue'

　　保存上述代码，在浏览器中访问 http://localhost:5173/，单击选中"我已详细阅读报名须知"复选框，"取号预报名"按钮平滑淡入显示出来。运行结果如图 8-5 所示。

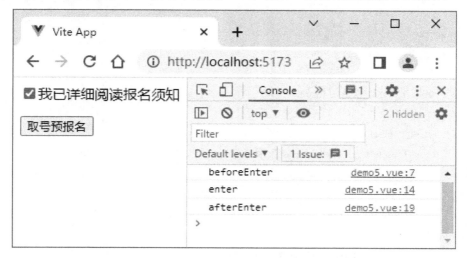

图 8-5　运行效果

 ## 8.1.2　TransitionGroup 组件

　　TransitionGroup 是一个内置组件，用于当 v-for 列表中的元素或组件的插入、移除和顺序改变时添加动画效果。

　　TransitionGroup 和 Transition 具有相同的属性、CSS 过渡 class 和 JavaScript 钩子，但也有以下几点区别：

　　(1) 默认情况下，它不会渲染一个容器元素，但可以通过传入 tag 属性来指定一个元素作为容器元素来渲染。

　　(2) TransitionGroup 组件的 mode 属性不可用，不能设置过渡模式。

　　(3) 列表中的每个元素必须有唯一的 key 属性值。

　　(4) CSS 过渡 class 会被应用到列表内的元素上，而不是容器元素上。

　　示例 8-6　应用 TransitionGroup 组件的过渡动画效果示例如下。

　　(1) 创建 src\components\chapter8\demo6.vue 文件，代码如下：

```
<script setup>
import {ref} from 'vue'
const stuInfo= ref({})
const students = ref([])
const add=()=>{
  students.value.push(stuInfo.value)
  stuInfo.value={}
```

```
        }
    const del=(index)=>{
        students.value.splice(index,1)
        }
</script>
<template>
    <div>
        <h3>儿童入学报名信息</h3>
        <form>
            <p><label for=" name">儿童姓名:</label>
                <input type="text" v-model="stuInfo.name" id="name" /></p>
            <p><label for="tel">家长电话:</label>
                <input type="tel" v-model="stuInfo.tel" id="tel" /></p>
            <p><button @click="add" type="button">添加</button></p>
        </form>
        <TransitionGroup tag="ul" name="fade">
            <li v-for="(item, index) in students" :key="item.tel">
                {{ index+1 }} --{{ item.name }}-- {{ item.tel }}
                <button @click="del(index)">删除</button></li>
        </TransitionGroup>
    </div>
</template>
<style scoped>
    .fade-enter-from,.fade-leave-to {
        opacity: 0;
        transform: translateX(100px);
    }
    .fade-leave-from, .fade-enter-to{
        opacity: 1;
        transform: translateX(0px);
    }
    .fade-enter-active, .fade-leave-active {
        transition: all 2s;
    }
</style>
```

(2) 修改 src\main.js 文件，切换页面中显示的组件，具体代码如下：

```
import App from './components/chapter8/demo6.vue'
```

保存上述代码，在浏览器中访问 http://localhost:5173/，添加的信息会从右边淡入到左边，运行结果如图 8-6 所示。

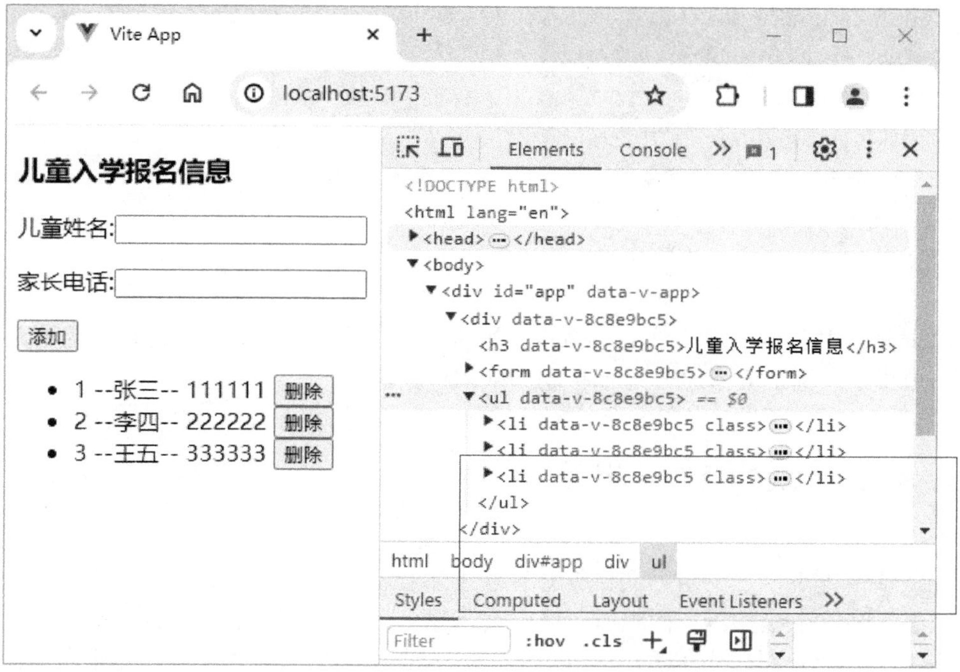

图 8-6　运行效果

　　TransitionGroup 组件设置了 tag = "ul"，将容器元素渲染成 ul 元素，每个列表项 li 元素的 key 属性值取数据中的 tel 属性值，以保证 key 值的唯一性。单击"删除"按钮，被删除的元素会从左边淡出到右边，有过渡动画效果，但下面的元素会瞬间移动到新的位置，而不是平滑过渡。下面的元素如要设置过渡动画效果，则要使用新增的 v-move 类，该类会在元素改变定位的过程中应用，因此还要为元素设置定位。v-move 类跟前面介绍的 6 个过渡类一样，可以通过 name 属性来自定义前缀。

　　修改示例 8-6 中的 demo6.vue 样式代码，其他代码不变。

```
<style scoped>
  .fade-enter-from,.fade-leave-to {
      opacity: 0;
      transform: translateX(100px);
  }
  .fade-leave-from,.fade-enter-to{
   opacity: 1;
      transform: translateX(0px);
  }
  .fade-enter-active{
        transition: all 2s;
   }
  .fade-leave-active {
```

```
        transition: all 2s;
        position: absolute;   /*定位*/
    }
    /*该类会在元素改变定位的过程中应用*/
    .fade-move{
        transition: all 2s;
    }
    </style>
```

在浏览器中运行程序，单击"删除"按钮，被删除的元素会从左边淡出到右边，有过渡动画效果，下面的元素也平滑地移动到新的位置。

8.1.3　KeepAlive 组件

在默认情况下，一个组件实例在被替换掉后会被销毁，这会导致它丢失其中所有已变化的状态。当这个组件再一次被显示时，会创建一个只带有初始状态的新实例。

用 KeepAlive 组件来包裹动态组件时，会缓存不活动的组件实例，而不是销毁它们。Vue 把切换出去的组件缓存在内存中，这样可以保留它的状态并避免重新渲染。因此，KeepAlive 组件主要用于保留组件状态以及避免重新渲染。

给示例 8-3 的 component 组件加套< KeepAlive >标签，代码如下：

```
    < KeepAlive>
        <component :is="panes[notice]"></component>
    </ KeepAlive>
```

在浏览器中运行程序，在"猜灯谜"界面输入谜底"言"，然后单击"文化谚语"单选按钮，显示 pane2 组件；再单击"猜灯谜"单选按钮，显示 pane1 组件。之前输入的谜底"言"仍然存在，效果如图 8-7 所示。

图 8-7　运行效果

8.1.4　Teleport 组件

Teleport 是一个内置组件，它可以将一个组件内部的一部分模板 "传送" 到该组件的 DOM 结构外层的位置上。

Teleport 接收一个 to 属性来指定传送的目标位置，to 的值可以是一个 CSS 选择器字符串，也可以是一个 DOM 元素对象。

示例 8-7　应用 Teleport 组件示例如下。

(1) 创建 src\components\chapter8\teleport\model.vue 文件，代码如下：

```
<template>
  <div class="teleport">
    我是被传送的对象
  </div>
</template>
<style scoped>
  .teleport{
    width: 140px; height: 60px;
    background-color: red;
    position: absolute; left: 50%;top:50%;
    margin-top: -30px;margin-left: -70px;
  }
</style>
```

(2) 创建 src\components\chapter8\teleport\index.vue 文件，代码如下：

```
<script setup>
  import model from "./model.vue"
</script>
<template>
  <div class="parent">
    <h1>我是父级</h1>
      <Teleport to="body">
        <model></model>
      </Teleport>
  </div>
</template>
<style scoped>
  *{padding: 0; margin: 0;}
  .parent{
    height: 50vh;border: 1px solid; position: relative;
```

```
    }
  </style>
```

代码分析：

```
  <Teleport to="body">
        <model></model>
  </Teleport>
```

这段代码的作用就是告诉 Vue 把 model 组件传送到 body 标签下。

(3) 修改 src\main.js 文件，切换页面中显示的组件，具体代码如下：

```
import App from './components/chapter8/teleport/index.vue'
```

保存上述代码，在浏览器中访问 http://localhost:5173/，效果如图 8-8 所示。

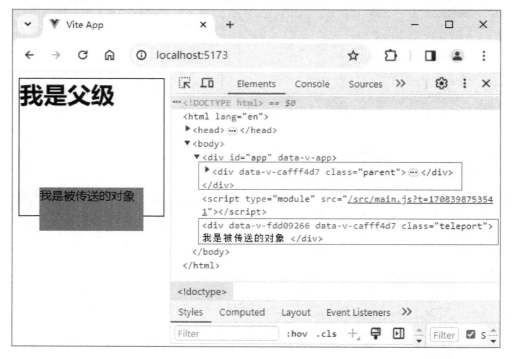

图 8-8　运行效果

这个示例演示了 Vue 中的 Teleport 功能，该功能可以将组件的渲染位置移动到 DOM 中的其他位置。本示例中是将 model.vue 组件渲染到页面的\<body\>元素下。原本 model.vue 组件的模板和样式定位在\<div class = "parent"\>元素之内，之后通过 Teleport 的 to 属性传送到了 body 标签下。在开发者工具 Elements 视图中可以看到被解释的代码，\<div class = "teleport"\>元素在 body 标签之下，样式定位在 body 的中央。

8.1.5　Suspense 组件

\<Suspense\>是一个内置组件，用于在组件树中协调对异步依赖的处理。它可以在组件树上层等待下层的多个嵌套异步依赖项解析完成，并可以在等待时渲染一个加载状态。

　　<Suspense>组件有两个插槽：#default 和#fallback。两个插槽都只允许有一个直接子节点。当所有异步依赖项都已解析完成时，显示#default 插槽中的节点；如果异步依赖项尚未解析完成，则显示# fallback 插槽中的节点。其语法如下：

```
<Suspense>
    <template #default>
        <!--这里放异步依赖的组件  -->
    </template>
    <template #fallback>
        <!--这里放后备组件(加载状态) -->
    </template>
</Suspense>
<Suspense>
```

可以等待的异步依赖组件有以下两种。

1. 带有异步 setup 钩子的组件

带有异步 setup 钩子的组件也包含了使用<script setup>时有顶层 await 表达式的组件。

示例 8-8　应用 Suspense 组件处理异步组件及其加载状态的示例如下：

(1) 创建 src\components\chapter8\suspense\AsyncComp.vue 文件，代码如下：

```
<script setup>
  import { ref } from 'vue'
  const items=ref([])
  items.value=await  new Promise((resolve, reject) => {
    setTimeout(() => {
      resolve(
           [
    { body: '千里之行，始于足下。', author: '老子', likes: 2000 },
    { body: '学而不思则罔，思而不学则殆。', author: '孔子', likes: 2000 }
       ]
     )
    }, 1000)
  })
</script>
<template>
  <div>
   <ul>
   <li v-for="(item,index) in items" :key="index">
     <div>
       <p>{{ item.body }}</p>
```

```
            <p>by {{ item.author}} | {{ item.likes }} likes</p>
         </div>
       </li>
     </ul>
   </div>
</template>
<style scoped>
  ul {
    list-style-type: none;
    padding: 5px;
    background: linear-gradient(315deg, #42d392 25%, #647eff);
  }
  li {
    padding: 5px 20px;
    margin: 10px;
    background: #fff;
  }
</style>
```

(2) 创建 src\components\chapter8\suspense\index.vue 文件，代码如下：

```
<script setup>
import AsyncComp from './AsyncComp.vue'
</script>
<template>
  <Suspense>
    <!-- 具有深层异步依赖的组件  -->
    <template #default>
    <AsyncComp />
    </template>
    <!-- 在 #fallback 插槽中显示加载信息 -->
      <template #fallback>
      Loading...
      </template>
  </Suspense>
</template>
```

(3) 修改 src\main.js 文件，切换页面中显示的组件，具体代码如下：

```
import App from './components/chapter8/suspense/index.vue'
```

保存上述代码，在浏览器中访问 http://localhost:5173/，效果如图 8-9 所示。

图 8-9　运行效果

1 秒后显示效果如图 8-10 所示。

图 8-10　显示效果

在该示例中，AsyncComp 组件使用 setup 块内的 setTimeout 函数异步加载数据。index.vue 组件使用<Suspense>将 AsyncComp 组件包装起来，以处理 AsyncComp 获取数据时的加载状态。在加载期间，将显示"Loading..."消息。一旦数据被获取并且 AsyncComp 准备就绪，它将被渲染到加载消息的位置。

2. 异步组件

在大型项目中，可能需要将应用拆分为更小的块，并仅在需要时才从服务器加载相关组件。这些相关组件可以通过 defineAsyncComponent 方法封装成异步组件。defineAsyncComponent 方法接收一个返回 Promise 的加载函数。ES 模块的动态导入 import() 方法也会返回一个 Promise，所以多数情况下会将 import()和 defineAsyncComponent 搭配使用。

示例 8-9　利用 Suspense 组件和异步组件功能来处理异步加载，步骤如下：

(1) 使用上例的 src\components\chapter8\suspense\AsyncComp.vue 文件。

(2) 创建 src\components\chapter8\suspense\demo.vue 文件，代码如下：

```
<script setup>
  import { defineAsyncComponent } from 'vue'
  const AsyncComp=defineAsyncComponent(()=>import("./AsyncComp.vue"))
</script>
<template>
  <Suspense>
  <!-- 具有深层异步依赖的组件 -->
    <template #default>
    <AsyncComp />
    </template>
  <!-- 在 #fallback 插槽中显示加载信息 -->
    <template #fallback>
      Loading...
    </template>
  </Suspense>
</template>
```

(3) 修改 src\main.js 文件，切换页面中显示的组件，具体代码如下：

```
import App from './components/chapter8/suspense/demo.vue'
```

保存上述代码，在浏览器中访问 http://localhost:5173/，效果如图 8-9、图 8-10 所示。

这个示例展示了在 Vue3.js 中如何利用 Suspense 组件和异步组件功能来处理异步加载过程，来提升页面加载体验。

8.2　第三方组件库

第三方组件库提供了丰富多样的 UI 组件，如按钮、对话框、轮播图、日期选择器、图表库等，开发人员可以直接引入并使用这些组件，而不需要重复编写相似的代码。这可以大大提高开发效率，缩短开发周期。

8.2.1　常用组件库介绍

Vue3.js 的第三方组件库有很多，下面介绍三种比较常用的组件库。

1. Element Plus

Element Plus 是基于 Vue3.js 的一套桌面端 UI 组件库，提供了丰富的组件和样式，适合构建管理后台等项目。其中文开发文档见 Element plus 中文官网：https://element-plus.gitee.io/zh-CN/。

2. Ant Design Vue

Ant Design Vue 是 Ant Design 的 Vue 实现版本，提供了一套完整的组件库，用于开发和服务于企业级后台产品。其中文开发文档见 Ant Design Vue 中文官网：https://next.antdv.com/components/overview-cn。

3. Vant

Vant 是有赞团队开发的基于 Vue3.js 的移动端 UI 组件库，提供了丰富的移动端组件，适合构建移动应用。其中文开发文档见 Vant 中文官网：https://vant-contrib.gitee.io/vant/#/zh-CN。

8.2.2　组件库的使用

1. 使用组件库的一般步骤

使用第三方组件库通常需要以下几个步骤：

(1) 安装组件库。通过 npm 等包管理工具安装所需的组件库。通常可以在组件库的官方文档中找到安装命令，例如：npm install 组件库名称。

(2) 引入组件库。在 Vue 项目中，需要在 main.js 或者在需要使用组件的 Vue 文件中引入所需的组件库。通常可以按照组件库的官方文档说明进行引入。

(3) 使用组件。引入组件库之后，可以在 Vue 组件中直接使用组件库提供的组件。通常可以按照组件库的文档说明来使用组件。

(4) 测试和调试。在使用组件库的过程中，要确保组件正常运行并符合预期，必须测试组件的各种状态、交互和样式，以最终确保项目的质量和稳定性。

2. 使用 Element Plus 组件库

组件库的官网上有详细的开发文档，使用组件库时要仔细查阅组件库的开发文档。下面以使用 Element Plus 组件库为例，介绍如何在项目中使用组件库。

1) 安装 Element Plus

在项目的目录下执行 npm install element-plus-save 命令，安装 Element Plus。

2) 在 main.js 文件中引入 Element Plus

可以完整引入 Element Plus 的所有组件，也可以按需导入 Element Plus 的组件。按需导入请查阅 Element Plus 的开发文档(https://element-plus.gitee.io/zh-CN/)。在此介绍完整引入组件库的所有组件的方法，对应 main.js 中的代码如下：

```
import { createApp } from 'vue'
import ElementPlus from 'element-plus'
import 'element-plus/dist/index.css'
import App from './App.vue'
const app = createApp(App)
```

```
app.use(ElementPlus)
app.mount('#app')
```

注：app.use()是用来安装 Vue.js 插件的方法。它允许开发人员在 Vue 应用程序中使用第三方库或自定义功能，以扩展 Vue 的核心功能。

3) 使用组件

在 Element Plus 的开发文档中每一个组件都有使用示例及组件的 API，对于初学者来说，可以先看示例学习，再根据组件提供的 API 使用组件。组件提供的 API 有属性名、插槽名、事件名、Exposes 名称等。

在 Element Plus 中使用具体某个组件的一般步骤如下：

(1) 在需要使用组件的地方引用组件。在需要使用组件的 Vue 文件中，通过<el-组件名>的方式引用需要的组件。例如引用 Button 组件的方法是：<el-button type = "primary">单击我</el-button>。

(2) 根据需要设置组件属性。根据对组件的需求，在组件标签中设置相应的属性，例如设置按钮的类型、大小：<el-button type = "primary" size = "medium">单击我</el-button>。Button API 提供了 type、size 等属性。

(3) 处理组件事件。如果需要监听组件的事件，可以使用 Vue 的事件监听语法，在组件标签上绑定事件处理函数。例如：<el-button @click = "handleClick">Click Me</el-button>。

(4) 编写事件处理函数。在组件的 Vue 实例中编写对应的事件处理函数，处理组件触发的事件。

(5) 根据需要使用插槽。有些组件可能支持插槽，可以根据需要在组件内部插入自定义内容。例如 Button API 提供了 default、loading、icon 三种插槽，使用插槽示例如下：

```
<el-button>
    <span slot="icon" class="el-icon-search"></span>
    Search
</el-button>
```

示例 8-10　使用 Element Plus 组件制作轮播图。

查看 Element Plus 的组件，其中"Carousel 走马灯"组件可以制作轮播图。查看"Carousel 走马灯"组件示例，学习该组件的使用。该组件提供的 API 有更多的细节说明文档。

(1) 创建 src\components\chapter8\elementPlus\Demo1.vue，代码如下：

```
<script setup>
import {ref} from 'vue'
const carouselItems=ref([
    { id: 1, imageUrl: '1.jpg' },
    { id: 2, imageUrl: '2.jpg' },
    { id: 3, imageUrl: '3.jpg' }
])
</script>
<template setup>
```

```
<el-carousel :interval="4000" height="200px">
    <el-carousel-item v-for="item in carouselItems" :key="item.id">
        <img :src="item.imageUrl" style="width: 100%; height: 100%;" />
    </el-carousel-item>
</el-carousel>
</template>
```

(2) 修改 src\main.js 文件, 切换页面中显示的组件, 具体代码如下:

```
import App from './components/chapter8/elementPlus/Demo1.vue'
```

保存上述代码, 在浏览器中访问 http://localhost:5173/, 效果如图 8-11 所示。

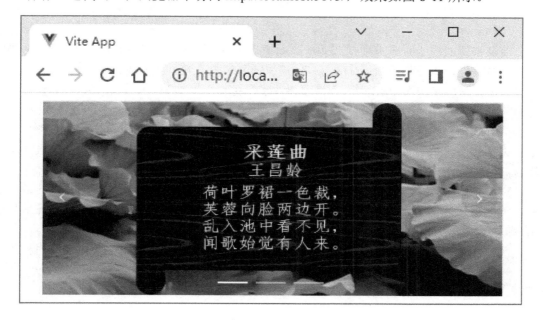

图 8-11   运行效果

第9章　Vue Router

前端搭建的模式有多页面模式和单页面模式两种，多页面模式中的每一个 URL 都对应一个网页文件，每次切换页面(URL)的时候都要请求服务器重新加载页面；单页面(SPA)开发模式中，用户在切换 URL 时，不需要再请求服务器重新加载，而是定位到已加载的同一个 HTML 文件中。单页面模式只在页面片段(组件)间切换，速度较快、用户体验较好。

单页面模式在客户端实现 URL 变化，显示不同内容的页面。该功能需要用到路由，用于将单页应用分割为各自功能合理的组件。路由用于设定访问路径，并将路径和组件映射起来。所以，路由是连接单页应用中各组件之间的链条。

Vue 适用于实现大型单页应用，其本身并没有提供路由机制，但是官方以插件(Vue Router)的形式提供了对路由的支持。Vue Router 可以监听 URL 的变化，并在变化前后执行相应的逻辑，实现不同的 URL 对应不同的组件。

使用 Vue + Vue Router 创建单页应用非常便捷，Vue 通过组合组件来组成应用程序，Vue Router 将组件(components)映射到路由(routes)，然后告诉 Vue Router 在哪里渲染它们。

9.1　Vue Router 的基本用法

9.1.1　Vue Router 提供的组件

Vue Router 提供了<router-link>、<router-view>这两个组件来处理导航与自动渲染逻辑。

1. <router-link>导航组件

<router-link>导航组件支持用户在具有路由功能的应用中导航，通过传入 to 属性指定链接，<router-link>默认会被渲染成一个<a>标签。

2. <router-view>视图组件

<router-view>视图组件是路由出口，路由匹配到的组件将渲染在这里。<router-view>还可以内嵌自己的<router-view>，并根据嵌套路径来渲染嵌套组件。

9.1.2　在项目中使用 Vue Router 的步骤

在项目使用 Vue Router，需要完成如下操作。

(1) 创建项目。

(2) 安装 Vue Router。

(3) 创建组件或使用已有的组件。

(4) 创建路由器实例对象。

(5) 在项目入口文件 src\main.js 中导入并注册路由器实例。

(6) 提供一个路由出口(<router-view></router-view>)，用来挂载路由匹配到的组件，组件将渲染在这里。

9.1.3　Vue Router 使用示例

如图 9-1 所示的单页应用，点击页面上的链接进入相应的页面(组件)。

图 9-1　案例效果

该案例可划分为三个组件，分别是显示主页的组件(Home)、显示新闻的组件(News)、显示关于的组件(About)。通过路由实现这三个组件的导航，设计路由与组件的对应关系，如表 9-1 所示。

表 9-1　路由与组件的对应关系

页　面	路　由	组　件
主页	/home	Home
新闻	/news	News
关于	/about	About

案例实验步骤如下：

1. 创建项目

创建 routerDemo(项目名称)项目。打开命令行工具，进入想要创建项目的目录下，输入 npm create vue@latest 命令并按回车键创建项目。在创建向导提示的选择项中全部选"否"，创建过程和安装过程详见"第 6.3 节"。

2. 创建组件

首先删除 Vue 默认示例项目的组件(components 文件夹下所有文件)。

(1) 创建 src\vews\Home.vue 文件，用于显示主页信息，代码如下：

```
<template>
    <div> 我是主页...... </div>
</template>
```

(2) 创建 src\vews\News.vue 文件，用于显示新闻信息，代码如下：

```
<template>
    <div> 我是新闻页...... </div>
</template>
```

(3) 创建 src\vews\About.vue 文件，用于显示关于信息，代码如下：

```
<template>
    <div> 我是关于页...... </div>
</template>
```

3. 安装 Vue Router

在命令工具行，切换到项目目录下，输入如下命令：

```
npm install vue-router@4
```

按回车键后安装 vue-router，安装完成后，打开项目目录下的 package.json 文件，可以看到 vue-router 信息，代码如下：

```
"dependencies": {
"vue-router": "^4.3.0",
......
}
```

4. 创建路由器实例对象

创建 src\router\index.js 文件，用于创建路由器实例，文件内容(注解及代码)如下：

```
//1、从 vue-router 中导入 createRouter、createWebHistory 两个方法
import { createRouter, createWebHistory } from 'vue-router'
//2、导入组件
import Home from '../views/Home.vue'
 //3、定义应用的路由器配置表
//路由器配置表是一个数组，每个元素表示一个路由对象，该对象必须有如下两个属性：
//(1)属性 path：设置路由链接地址
//(2)属性 component：设置当前 path 对应的组件
//即每一个路径(path)，映射到一个组件(component)
const myRoutes=[
    {
```

```
        path: '/',
        component:Home
      },
      {
        path: '/home',
        component:Home
      },
      {
        path: "/news",
        component: () => import('../views/News.vue')
      },
      {
        path: "/about",
        component: () => import('../views/About.vue')
      }
    ]
```

//4、创建路由器实例

//使用 createRouter 方法创建路由实例，创建实例时，接受一个配置对象作为参数，该配置对象的最基本属性有：

//(1)history 属性：指定路由使用的历史模式。可以是以下几种之一：

//createWebHashHistory：使用 URL 的 hash 值(#)来作为路由的模式

//createWebHistory：使用 HTML5 History API 来作为路由的模式，即路由模式为 history 模式

//createMemoryHistory：在内存中存储历史纪录，不使用浏览器的 URL 和历史纪录

//(2)routes 属性：定义应用的路由器配置表

```
const router = createRouter({
  history: createWebHistory(import.meta.env.BASE_URL),
  routes:myRoutes
})
```

//5、导出路由器实例

```
export default router
```

5. 导入并注册路由器实例

将路由器实例注册到应用中，在 src\main.js 文件中导入路由器实例对象并注册到应用中，main.js 的具体代码如下：

```
import { createApp } from 'vue'
import App from './App.vue'
import router from './router'    //导入路由实例对象
const app = createApp(App)
app.use(router)                  //注册路由
app.mount('#app')
```

6. 配置路由出口

在顶级组件 App.vue 中，配置路由导航和路由出口，删除 App.vue 内原有的代码，输入新的代码，具体代码如下：

```
<script setup>
import { RouterLink, RouterView } from 'vue-router'
</script>
<template>
  <div id="app">
      <!-- 使用 router-link 组件来导航 -->
      <!-- 通过传入 "to" 属性指定链接 -->
      <router-link to="/home">主页</router-link>|
      <router-link to="/news">新闻</router-link>|
      <router-link to="/about">关于</router-link>
      <div>
          <!-- 路由出口，路由匹配的组件将渲染在这里 -->
          <router-view></router-view>
      </div>
  </div>
</template>
```

启动项目，在浏览器中运行程序，打开开发者工具的 Elements 视图，单击"新闻"链接导航到"新闻"组件。运行效果如图 9-2 所示。

图 9-2　运行效果

Elements 视图中可以看到<router-link>默认被渲染成"<a>"标签(渲染成浏览器可识别的 a 标签)，<router-view>被渲染成"<div>"标签，在该"<div>"标签中是当前渲染的组件。

执行过程分析：当单击"新闻"链接时，在浏览器地址栏中的地址后加"/news"，接着去路由配置表中匹配"/news"这条路径，将其匹配到{path: "/news", component:() = >import ('../views/News.vue')}。因此，在<router-view>渲染成的"<div>"标签中显示 news 组件。

9.2　在创建项目时引入 Vue Router

在创建项目时可以引入 Vue Router，打开命令行工具，进入想要创建项目的目录下。输入 npm create vue@latest 命令，按回车键创建项目，在创建过程中选择引入 Vue Router 进行单页面应用开发，如图 9-3 所示。

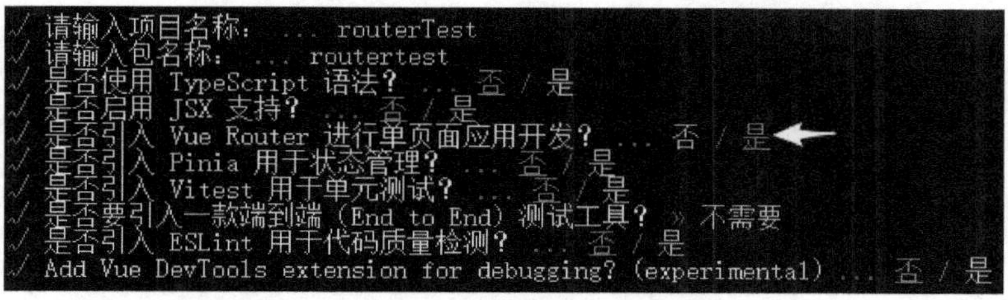

图 9-3　创建项目时选择引入 Vue Router

项目创建后，项目目录中的 src 目录下会生成 router 目录。router 目录下有一个 index.js 文件，在 index.js 文件中就有已创建好的路由器实例，项目目录结构及 index.js 文件中的代码如图 9-4 所示。

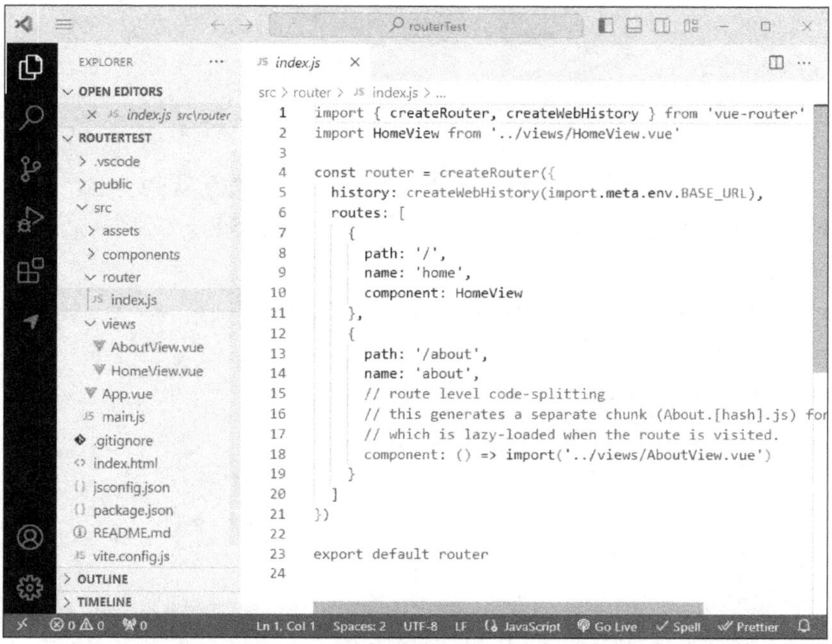

图 9-4　项目目录结构及 index.js 文件中的代码

同时路由实例已在 main.js 中导入及注册了，main.js 文件内容如下：

```
import './assets/main.css'

import { createApp } from 'vue'

import App from './App.vue'

import router from './router'

const app = createApp(App)

app.use(router)

app.mount('#app')
```

在创建项目时如果引入了 Vue Router，就无须再手动安装 Vue Router。

9.3　设置路由被激活的链接样式

当<router-link>对应的路由匹配成功，该<router-link>渲染时所生成的 a 标签将自动设置 class 属性值。9.1 节中的示例项目(以下简称为示例项目)在浏览器中运行时，单击"新闻"链接，地址栏会显示 http://localhost:5173/news，表明"新闻"链接是激活的。当链接被激活时，vue-router 会自动为<router-link>渲染时所生成的 a 标签赋予一个类(class)。在默认情况下，这个类名是 router-link-active，如图 9-2 所示。可以用这个类名为当前被激活的链接设置其他样式来区别于当前没有被激活的链接，如在 App.vue 中添加样式：

```
 <style scoped>
    .router-link-active{font-weight: bolder;}
 </style>
```

项目运行，此时被激活的链接显示效果加粗。如需修改默认的类名，可以在创建路由实例时，在配置对象中通过 linkActiveClass 属性来配置新类名，例如：

```
const router = createRouter({

 history: createWebHistory(import.meta.env.BASE_URL),

 routes:myRoutes,

 linkActiveClass: 'myactive'

})
```

这时设置样式也要用新的类名。

```
 <style scoped>
 .myactive{font-weight: bolder;}
 </style>
```

在浏览器中运行程序，效果是相同的，只是类名变为新类名，如图 9-5 所示。

图 9-5　运行效果

9.4　命名路由

在配置路由对象时，name 配置选项可以给路由设置名称。通过一个名称来标识一个路由显得更方便，特别是在链接一个路由，或者是执行一些跳转的时候。

例如给示例项目中的路由加上命名，路由配置表设置如下：

```
const myRoutes=[
 {
  path: '/',
  component:Home
 },
 {
  path: '/home',
  name:'h',
  component:Home
 },
 {
  path: "/news",
```

```
        name:'n',
        component: () => import('../views/News.vue')
    },
    {
        path: "/about",
        name:'a',
        component: () => import('../views/About.vue')
    }
]
```

要链接到一个命名路由，可以绑定 router-link 的 to 属性，属性值为一个对象，语法格式为 v-bind:to = "{ name: '路由名', params: {路由参数}}"。"v-bind:"可以简写为":"，如果没有路由参数，则可以不写 params 属性。

例如，给示例项目的导航链接链接到命名路由，代码如下：

```
<router-link :to="{name:'h'}">主页</router-link>|
<router-link :to="{name:'n'}">新闻</router-link>|
<router-link :to="{name:'a'}">关于</router-link>
```

运行项目，单击"关于"链接，展示关于页，地址栏显示的路径还是"/about"，效果如图 9-6 所示。

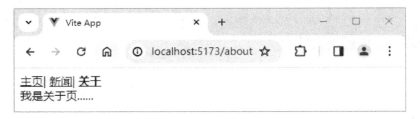

图 9-6　运行效果

9.5　路由别名

可以用"别名"取代路径引用，"别名"的功能是将路径映射到任意的 URL。

在配置路由对象时，alias 配置选项可以给某个路由设置别名。例如，给示例项目中"新闻"路径设置一个别名"news.html"，代码如下：

```
{ path: "/news",name:'n',alias:'/news.html',component:..... }
```

项目在浏览器中运行，在地址栏接着输入"/news.html"并按回车键，展示新闻页，地址栏显示的地址为"/news.html"，效果如图 9-7 所示。

图 9-7　运行效果

9.6　路由重定向

"重定向"是当用户访问/a 时，URL 将会被替换成/b，然后去匹配路由/b。在配置路由对象时，redirect 配置选项用于设置重定向，其值可以是一个路径或是一个命名路由，甚至是一个方法，动态返回重定向目标。例如，在示例项目中的路由器配置表中再添加一条路由，配置如下：

```
{path:"/aa",redirect:'/about'}
```

运行项目，在浏览器地址栏接着输入"/aa"并按回车键，展示关于页，地址栏显示的地址是"/about"，效果如图 9-8 所示。"/aa"被重定向到了"/about"。

图 9-8　运行效果

9.7　命名视图

创建一个布局需要同时同级展示多个视图，而不是嵌套展示，因此在界面中就需要拥有多个单独命名的视图组件<router-view>，分别渲染对应的组件。可以通过 name 属性给视图组件命名，如果 router-view 没有设置名字，那么默认为 default。

例如，在示例项目的 App.vue 文件中增加命名视图，App.vue 的代码如下：

```
<script setup>
  import { RouterLink, RouterView } from 'vue-router'
</script>
<template>
  <div id="app">
    <router-link :to="{name:'h'}">主页</router-link>|
    <router-link :to="{name:'n'}">新闻</router-link>|
    <router-link :to="{name:'a'}">关于</router-link>
    <div>
        <router-view></router-view>
    </div>
    <div id="nameView">
      <router-view class="vbox" name="vnews" ></router-view>
      <router-view class="vbox" name="vabout" ></router-view>
    </div>
  </div>
</template>
<style scoped>
  .myactive{font-weight: bolder;}
  #nameView .vbox{ width: 200px; height: 200px;
      border: 1px solid red; float: left;}
</style>
```

在 src\router\index.js 文件中修改"/"根路由的路由对象为:

```
{ path: "/", components:{
        vnews: () => import('../views/News.vue'),
        vabout: () => import('../views/About.vue')}

}
```

运行项目,页面上同时显示了"news"和"about"两个组件的内容,效果如图 9-9 所示。

图 9-9　运行效果

在 App.vue 文件模板代码中定义了"vnews"、"vabout"两个命名视图如下：

```
<router-view class="vbox" name="vnews" ></router-view>
<router-view class="vbox" name="vabout" ></router-view>
```

一个视图渲染一个组件，多个视图就需要配置多个组件。因此，示例中配置根路由对象时，用 components 属性配置了两个组件(注意是复数)来与命名视图匹配。

9.8 嵌套路由

一个被渲染的组件同样可以包含<router-view>，只需要在配置路由对象时，配置 children 选项，children 选项可以给某个路由设置嵌套路由。在实际应用中，界面通常由多层嵌套的组件组合而成，路由也需按某种结构来对应嵌套的各层组件，这就需要设置嵌套路由。

例如，在示例项目中的"新闻"下开设"国内新闻"和"地方新闻"导航，当单击新闻时，出现"国内新闻"和"地方新闻"导航；当单击"国内新闻"和"地方新闻"导航时，会在新闻组件中显示相应的新闻内容。示例效果如图 9-10 所示。

图 9-10　示例效果

为实现上述效果，在示例项目代码的基础上进行如下修改：

(1) 创建"国内新闻"组件，在 src\components 目录下创建 nationalNews.vue 文件，代码如下：

```
<template>
    <div>
        我是国内新闻页......
    </div>
</template>
```

(2) 创建"地方新闻"组件，在 src\components 目录下创建 localNews.vue 文件，代码如下：

```
<template>
```

```
<div>
    我是地方新闻页......
</div>
</template>
```

(3) 为"新闻"路由对象配置嵌套路由，给"新闻"路由对象配置 children 选项，代码如下：

```
{
    path: "/news",
    name:'n',
    alias:'/news.html',
    component: () => import('../views/News.vue'),
    children: [ //二级路由，是一个数组
    //当/news/nationalNews 匹配成功，nationalNews 组件会被渲染在 news 组件中
    {
        path: 'nationalNews',        //注意路径前没有'/'
component: () => import('../components/nationalNews.vue')
},
    //当/news/localNews 匹配成功，localNews 组件会被渲染在 news 组件中
    {
path: 'localNews',        //注意路径前没有'/'
component: () => import('../components/localNews.vue')
}
        ]
    }
```

(4) 在新闻 news 组件的模板中设置"国内新闻"和"地方新闻"的导航，添加一个路由出口<router-view></router-view>，用于渲染国内新闻 nationalNews 组件和地方新闻 localNews 组件。news 组件的代码如下：

```
<template>
    <div id="news">
     <ul>
        <li><router-link to="/news/nationalNews">国内新闻</router-link>
        </li>
        <li>
            <router-link to="/news/localNews">地方新闻</router-link>
         </li>
     </ul>
        <!-- 路由出口 -->
        <router-view></router-view>
    </div>
```

```
</template>
<style scoped>
    .myactive{font-weight: bolder;}
    #news{border: 1px solid red;}
</style>
```

项目运行，单击"新闻"链接，展示新闻页，浏览器地址栏中的地址增加"/news"；再接着单击"地方新闻"链接，展示地方新闻页，浏览器地址栏中的地址再增加"/localNews"，效果如图 9-10 所示。

9.9　路由传递参数

 ### 9.9.1　路由对象

通过路由传递的参数存放在当前路由对象中。要在<script setup>标签对中访问当前路由，需要引入 useRoute 函数生成当前路由对象，但在模板中需要使用$route 访问当前路由对象，当前路由对象存放着当前激活的路由状态信息。

例如，在示例项目的"关于"组件中访问当前路由对象，About.vue 组件修改如下：

```
<script setup>
import { useRoute } from 'vue-router'
const route = useRoute()
console.log(route);
console.log('该路由的名称：'+route.name);
console.log('该路由的路径：'+route.path);
</script>
<template>
    <div> 我是关于页...... </div>
    <p>该路由的名称：{{$route.name}} </p>
    <p>该路由的路径：{{$route.path}} </p>
</template>
```

项目运行，单击"关于"链接，在控制台和页面上输出当前路由对象信息，如图 9-11 所示。

图 9-11　当前路由对象信息

路由对象的 params、query 属性用来存放传递的参数。

 ## 9.9.2　query 方式传递参数

query 方式传递参数是通过在路由路径后面加上问号"？"及键值对查询字符串来传递参数，这种方式可以在导航链接中直接传递参数。当路由匹配到相应的路径时，查询参数的键值对会被保存到当前路由对象的 query 属性中。这些参数仍然是以键值对的形式存放，其中键名为参数名，值为相应的参数值。例如在示例项目 App.vue 中，使用路由/about 在导航链接中设置查询字符串，代码如下：

```
<router-link to="/about?id=1&title=简介">关于</router-link>
```

在 About.vue 组件中可以使用传入的参数，代码如下：

```
<script setup>
```

```
import { useRoute } from 'vue-router'
const route = useRoute()
console.log(route);
console.log('该路由的 query：'+route.query);
</script>
<template>
    <div> 我是关于页...... </div>
    <p>该路由的路径：{{$route.query.id}} </p>
    <p>该路由的路径：{{$route.query.title}} </p>
</template>
```

项目运行，单击"关于"链接，将查询字符串传入的参数显示在控制台及页面上，效果如图 9-12 所示。

图 9-12　运行效果

9.9.3　params 方式传递参数

params 方式传递参数采用的是通过路径配置的形参和导航链接中传入的实参的方式。首先，在路由配置中，为需要传递参数的路由路径配置形参，形参使用冒号":"标记。然后，在导航链接中，传入实际的参数值。当匹配到相应的路由时，参数会被保存到当前路由对象的 params 属性中。这些参数以键值对的形式存放，其中键名为形参，值为对应的实参。

例如，给示例项目/about 路由对象配置形参 id 和 title，代码如下：

```
{
    path: "/about/:id/:title",
    name:'a',
    component: () => import('../views/About.vue')
},
```

在 App.vue 中，使用路由/about 在导航链接中传入实参，代码如下：

```
<router-link to="/about/1/简介">关于</router-link>
```

在 About.vue 组件中可以使用传入的参数，代码如下：

```
<script setup>
import { useRoute } from 'vue-router'
const route = useRoute()
console.log(route);
console.log('该路由的 params：'+route.params);
</script>
<template>
    <div> 我是关于页...... </div>
    <p>该路由传入的 id：{{$route.params.id}} </p>
    <p>该路由传入的 title：{{$route.params.title}} </p>
</template>
```

项目运行，单击"关于"链接，路由传入的参数显示在页面上，效果如图 9-13 所示。

图 9-13　运行效果

9.10　编程式的导航

 ### 9.10.1　路由器对象

在 Vue3.js 开发中，有时需要在链接跳转之前执行一些逻辑处理，此时不能直接依赖链接跳转。可以通过使用路由器对象的方法来实现跳转，以编程方式进行导航。要在<script setup>标签对中访问路由器对象，需要引入 useRouter 函数生成路由器对象，在模板中可以使用$router 访问路由器对象。

例如，在示例项目的"关于"组件中，访问路由器对象，About.vue 文件中的代码如下：

```
<script setup>
import { useRouter } from 'vue-router'
const router = useRouter()
console.log(router);
</script>
<template>
    <div> 我是关于页...... </div>
    <p>当前路由的名称:{{$router.currentRoute.value.name}} </p>
    <p>该路由传入的 id：{{$router.currentRoute.value.params.id}} </p>
    <p>该路由传入的 title：{{$router.currentRoute.value.params.title}} </p>
</template>
```

项目运行，单击"关于"链接，在控制台输出了路由器对象的信息，效果如图 9-14 所示。

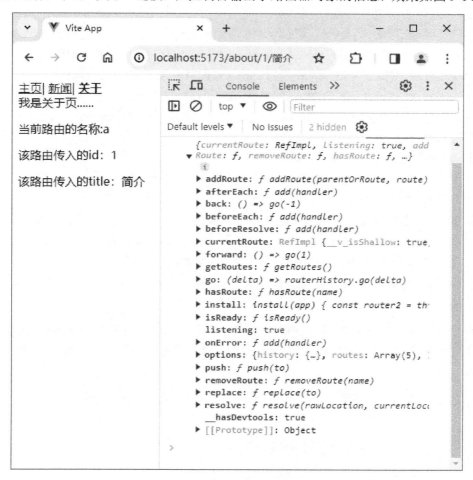

图 9-14　运行效果

9.10.2　路由器对象的导航方法

路由器对象的方法中，导航方法有 push 方法、replace 方法、go 方法。

1. push 方法

调用 push 方法等同于单击<router-link :to = "…">链接，该方法会向 history 栈添加一个新的纪录，所以当用户单击浏览器的后退按钮时，会回到之前的 URL。该方法的参数可以是一个字符串路径，或者一个描述地址的对象。

例如，把<router-link to = "/about/1/简介">关于</router-link>实现的链接跳转，改用 push 方法来实现，改写如下：

(1) 若参数用字符串路径，则改写成：

    <a href=""　@click.prevent="$router.push('/about/1/简介')">关于</a>

(2) 参数用对象描述地址。

① 如果参数对象有 params 属性，则需要有 name 属性来接收路由 name 值，改写成：

    <a href="" @click.prevent="$router.push({name:'a', params: { id:'1',title:'简介' }})">关于</a>

② 如果参数对象有 path 属性，则 params 属性就会被忽略，改写成：

    <a href=""　@click.prevent="$router.push({path:'/about/1/简介'})">关于</a>

再例如，把<router-link to = "/about?id = 1&title = 简介">关于</router-link>实现的链接跳转，改用 push 方法来实现，改写如下：

(1) 若参数用字符串路径，则改写成：

    <a href="" @click.prevent="$router.push('/about?id=1&title=简介')">关于</a>

(2) 参数用对象描述地址。

① 查询字符串传递参数用对象描述地址，参数对象可只有 path 属性，改写成：

    <a href=""　@click.prevent="$router.push({path:' /about?id=1&title=简介'})">关于</a>

② 描述地址的对象也同时有 path 属性、query 属性，改写成：

    <a href=""　@click.prevent="$router.push({path:'about', query:{ id:'1',title:'简介' }})">关于</a>

2. replace 方法

该方法与 push 方法基本相同，唯一的不同点是：replace 方法不会向 history 添加新纪录，而是替换掉当前的 history 纪录。当用户单击浏览器的后退按钮时，不会回到之前的 URL。

3. go 方法

go 方法的参数是一个整数，表示在 history 纪录中前进或者后退多少步。

9.10.3　编程式的导航实例

(1) 修改示例项目的 App.vue，代码如下：

```
<script setup>
  import { RouterLink, RouterView } from 'vue-router'
  import { useRouter } from 'vue-router'
  const router = useRouter()
  const go=(id,title)=>{
          var url ={path:'/about/'+id+'/'+title}
          router.push(url);
          }
</script>
<template>
  <div id="app">
    <router-link :to="{name:'h'}">主页</router-link>|
    <router-link :to="{name:'n'}">新闻</router-link>|
    <a href="" @click.prevent="go('1','简介')">关于</a>
    <div>
        <router-view> </router-view>
    </div>
  </div>
</template>
```

超链接调用 go 方法，在 go 方法中调用路由器的 push 方法处理跳转并传参。

(2) 修改 about.vue 组件，代码如下：

```
<script setup>
  import { useRouter } from 'vue-router'
  const router = useRouter()
  const back=()=>{
          router.go(-1);
        }
</script>
<template>
    <div> 我是关于页...... </div>
    <p>当前路由的名称:{{$route.name}} </p>
    <p>该路由传入的 id：{{$route.params.id}} </p>
    <p>该路由传入的 title：{{$route.params.title}} </p>
    <a href="" @click.prevent="back()">返回</a>
</template>
```

超链接调用 back 方法，back 方法调用路由器的 go 方法处理跳转。

(3) 给/about 路由对象配置形参 id 和 title，代码如下：

```
{
    path: "/about/:id/:title",
```

```
        name:'a',
        component: () => import('../views/About.vue')
    }
```

　　项目运行，先单击"主页"链接，再单击"关于"链接，这时显示"关于"组件，效果如图 9-15 所示。之后再单击"返回"链接，跳转到"主页"组件。

图 9-15　运行效果

第 10 章 Pinia 状态管理

在项目开发中，组件之间有需要共享使用的数据，在大型项目的开发中需要把这些共享使用的数据集中统一管理维护。Pinia 是 Vue 的专属状态管理库，用于跨组件或页面共享状态。Pinia 基于 Vue3 的响应式系统构建，充分利用了 Vue3 的组合式 API。

10.1 Pinia 的安装和注册

1. Pinia 的安装

在命令工具行，切换到项目目录下，输入如下命令：

```
npm install pinia
```

按回车键后安装 pinia，安装完成后，打开项目目录下的 package.json 文件，可以看到 pinia 的信息，代码如下：

```
"dependencies": {
"pinia": "^2.1.7",
…
}
```

2. Pinia 的注册

在项目的入口文件 main.js 中，创建 Pinia 实例并注册到应用中，代码如下：

```
…
import { createPinia } from 'pinia'
const pinia = createPinia()          //创建一个 pinia 实例
const app =createApp(App)
app.use(pinia)                       //注册
…
```

10.2　Store 的基本使用方法

Pinia 支持模块化组织状态，可以将状态逻辑分解为多个模块，便于管理和维护。状态管理是通过创建并导出一个或多个 Store 来完成的。每个 Store 都包含了应用程序的一部分状态，并提供了一组操作和计算属性来修改和访问这些状态。

 ### 10.2.1　定义 Store

Store 用 defineStore()来定义，defineStore()的第一个参数是 storeId，其要求是一个独一无二的名字；第二个参数可接受两种值：setup 函数或选项对象，可以任选其中一种。

(1) defineStore 的第二个参数传入的是一个选项对象。该选项对象可以带有 state、actions 与 getters 属性。可以认为 state 是 Store 的数据(data)，getters 是 Store 的计算属性(computed)，而 actions 则是方法(methods)。

示例 10-1　创建一个计数器的 Store，用来管理计数器，在 src/stores 目录下创建 counter.js 文件，代码如下：

```
import { defineStore } from 'pinia'
export const useCounterStore = defineStore('counter', {
    state: () => ({ count: 0 }),
    getters: {
      doubleCount: (state) => state.count * 2,
    },
    actions: {
      increment() {
        this.count++
      },
    },
})
```

(2) defineStore 的第二个参数传入的是一个 setup 函数。在该函数中可以定义一些响应式属性和方法，需要公开的属性和方法，可以通过 return 以对象的形式暴露出去。

示例 10-2　defineStore 第二个参数传入一个 setup 函数，将示例 10-1 中 counter.js 文件改写成如下代码：

```
import { ref, computed } from 'vue'
import { defineStore } from 'pinia'
export const useCounterStore = defineStore('counter', () => {
```

```
const count = ref(0)
const doubleCount = computed(() => count.value * 2)
function increment() {
    count.value++
  }
  return { count, doubleCount, increment }
})
```

setup 函数与选项对象比较：ref()对应 state 属性、computed()对应 getters、function()对应 actions。使用 setup 函数中定义的方法对状态进行操作，方法可以是同步，也可以是异步。

注：本书以第二个参数传入 setup 函数为例来讲述。

10.2.2　使用 Store

在组件中使用 Store：首先导入定义好的 Store，接着实例化 Store，之后就可以使用 Store。

示例 10-3　在组件中使用示例 10-2 所定义好的 Store。

(1) 创建 src\components\chapter10\Demo1.vue 文件，代码如下：

```
<script setup>
import {useCounterStore} from '@/stores/counter.js'
import { storeToRefs} from 'pinia'
const counterStore=useCounterStore();      //创建 store 实例
//使用 storeToRefs，让解构出来的属性保持响应式
const { count, doubleCount } = storeToRefs(counterStore)
</script>
<template>
  <div>
    {{count}}----{{doubleCount}}
    <button @click="counterStore.increment()">单击+1</button>
  </div>
</template>
```

(2) 修改 src\main.js 文件，切换页面中显示的组件，具体代码如下：

```
import App from './components/chapter10/Demo1.vue'
```

保存上述代码，在浏览器中访问 http://localhost:5173/，效果如图 10-1 所示。单击“单击 +1”按钮两次，页面上的数据发生变化，同时在 Vue Devtools 视图中可以看到 Pinia 中 counter 这个 Store 中的状态也随着变化(counter 是定义 Store 时传入的第一个参数)。在 Vue Devtools 视图中修改 count 的值，页面上的值会随着变化。

图 10-1　运行效果

为了从 Store 中提取属性的同时保持其响应式，需要使用 toreToRefs()来解构。除了解构也可以直接通过 Store 的实例来使用它的属性和方法，如：counterStore.count、counterStore.increment()。

示例 10-4　在 Store 中定义异步方法，示例代码如下：

(1) 在 src/stores 目录下创建 user.js 文件，代码如下：

```
import { ref } from 'vue'
import { defineStore } from 'pinia'
const Login=()=>{
    return new Promise((resolve) => {
        setTimeout(()=>{
            resolve({name:'Marry',age:23})
        },2000)
    })
}
export const useUserStore = defineStore('user', () => {
    const user = ref({name:'Tom',age:20})
    async function setUser() {
```

```
    const result= await Login()
    user.value=result
  }
  return { user, setUser }
})
```

(2) 创建 src\components\chapter10\Demo2.vue 文件，代码如下：

```
<script setup>
  import {useUserStore} from '@/stores/user'
  const userStore=useUserStore()
</script>
<template>
  <div>
    {{userStore.user.name}}----{{userStore.user.age}}
    <button @click="userStore.setUser()">更新</button>
  </div>
</template>
```

(3) 修改 src\main.js 文件，切换页面中显示的组件，具体代码如下：

```
import App from './components/chapter10/Demo2.vue'
```

保存上述代码，在浏览器中访问 http://localhost:5173/，效果如图 10-2 所示。单击"更新"按钮，等待 2 秒，页面上的数据和 Pinia 中的 user 这个 Store 的状态值都会改变。

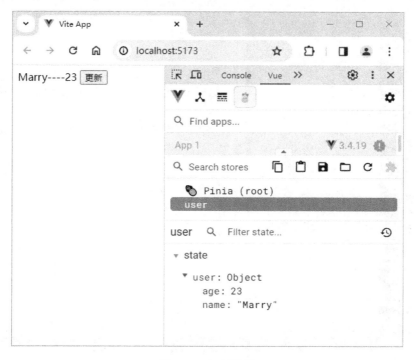

图 10-2　运行效果

10.3   创建项目时选择引入 Pinia

创建 piniaApp(项目名称)项目，打开命令行工具，进入想要创建项目的目录下。输入
npm create vue@latest 并按回车键创建项目。在创建过程中选择引入 Pinia 用于状态管理。
如图 10-3 所示。

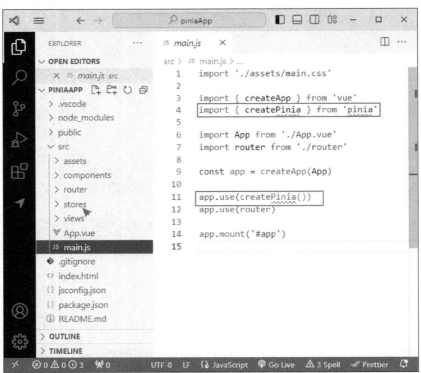

图 10-3   创建项目时选择 Pinia

项目创建后，Pinia 已在 main.js 中注册完成。src 目录创建有 stores 目录，项目目录结
构及 main.js 文件中的代码如图 10-4 所示。

图 10-4   项目目录结构及 main.js 文件中的代码

stores 目录有一个 counter.js 文件，这是一个定义 Store 的示例，代码内容与示例 10-2 一致。如果在创建项目时没有选择引入 Pinia，则需要手动完成安装和注册 Pinia，详见 10.1 节。

10.4　电商案例

10.4.1　案例分析

本示例需要实现网上书店的书展示及把书添加到购物车的功能，页面效果如图 10-5 所示。页面分书展示区和购物车两个区域，书展示区展示商品的名称、单价和数量(库存)。单击书后的"放入购物车"按钮，该书的数量会减 1，同时将该书添加到购物车；如果是第一次添加该书到购物车，则在购物车中新增一条该书的记录，数量是 1；如果之前购物车中已有该书，则数量累加 1。每单击一次"放入购物车"按钮，该书的数量就会减 1；当数量减到 0 时，"放入购物车"按钮不可再点击。

图 10-5　页面效果

该案例可以划分为两个组件来完成，一个组件用来展示商品，另一个组件是购物车。定义两个 Store，一个管理书的数据，另一个管理购物车的数据。

10.4.2　实现步骤

(1) 创建项目。使用 10.3 节中创建的项目。

(2) 安装启动项目。进入项目根目录,执行 npm install 指令安装项目,接着执行 npm run dev 指令启动项目。打开浏览器,在地址栏输入 http://localhost:5173 并按回车键,显示 Vue 的默认示例项目界面。

(3) 在 src/stores 目录下创建 productStore.js 文件,定义管理书的数据的 Store,代码如下:

```
import { ref } from 'vue'
import { defineStore } from 'pinia'
export const useProductStore = defineStore('productStore', () => {
  const products=ref([
      {
        id: 1,
        name: "唐诗三百首",
            price:9,
        inventory: 3
      },
      {
        id: 2,
         name: "曾国藩家书",
        price: 7.5,
        inventory: 3
      },
      {
        id: 3,
        name: "孙子兵法",
        price: 3.2,
        inventory: 2
      }
    ])
    return { products }
})
```

(4) 在 src/stores 目录下创建 cartStore.js 文件,定义管理购物车的数据的 Store,代码如下:

```
import { reactive,computed } from 'vue'
import { defineStore } from 'pinia'
export const useCartStore = defineStore('cartStore',()=>{
```

```
const cartList=reactive([])
const totalPrice=computed(()=>{
  return cartList.reduce((sum, cl) => {
    sum += cl.price * cl.quantity
    return sum
  }, 0)
})
function addToCart(product) {
  //查找购物车里是否有这本书
  const p = cartList.find((value) => {
    return value.id === product.id
  })
  //如果有该书, 则购物车里该书的数量加 1
  if (p) {
    p.quantity++
  //如果没有该书, 需要将该书添加到购物车里
  } else {
    cartList.push({
      ...product,
      quantity: 1
    })
  }
  //减少库存
  product.inventory--
}
return {cartList,totalPrice,addToCart}
})
```

(5) 创建书的展示组件。先删除 Vue 默认的示例组件(components 文件夹下的所有文件),
然后在 components 目录下新建 "Product.vue" 组件, 该组件代码如下:

```
<script setup>
import {useProductStore} from '@/stores/productStore'
import {useCartStore} from '@/stores/cartStore'
import { storeToRefs } from 'pinia'
const productStore = useProductStore()
const { addToCart } = useCartStore()
const { products } = storeToRefs(productStore)
</script>
<template>
  <div>
```

```
    <h1>书列表</h1>
    <hr>
    <ul>
      <li v-for="product in products">
        书称：{{product.name}} - 单价：￥{{product.price}} - 数量：{{product.inventory}}
        <button
          @click="addToCart(product)"
          :disabled="product.inventory <= 0"
        >放入购物车</button>
      </li>
    </ul>
    <hr>
  </div>
</template>
```

(6) 创建购物车组件。在 components 目录下新建"Cart.vue"组件，该组件代码如下：

```
<script setup>
  import { storeToRefs } from 'pinia'
  import {useCartStore} from '@/stores/cartStore'
  const cartStore = useCartStore()
  const { cartList } = storeToRefs(cartStore)
</script>
<template>
  <div>
    <h1>购物车</h1>
    <hr>
    <ul>
      <li v-for="cl in cartList">
        {{cl.name}} - ￥{{cl.price}} x {{cl.quantity}} = ￥{{ cl.price * cl.quantity}}
      </li>
    </ul>
  </div>
  <div>
    总价：￥{{cartStore.totalPrice}}
  </div>
</template>
```

(7) 创建购物页面组件。在 src 目录下创建 view 目录，在 view 目录下新建"Shopping.vue"组件，该组件的代码如下：

```
<script setup>
  import CartVue from '@/components/Cart.vue'
```

```
        import ProductVue from '@/components/Product.vue'
    </script>
    <template>
        <ProductVue></ProductVue>
        <CartVue></CartVue>
    </template>
```

(8) 配置路由。在 router 目录下的 index.js 文件中配置路由。删除原示例项目的路由配置，配置本案例的路由，代码如下：

```
    import { createRouter, createWebHistory } from 'vue-router'
    const router = createRouter({
        history: createWebHistory(import.meta.env.BASE_URL),
        routes: [
            {
                path: '/',
                name:'home',
                redirect:'/shop'
            },
            {
                path: '/shop',
                name: 'shop',
                component: () => import('../views/Shopping.vue')
            }
        ]
    })
    export default router
```

(9) 在 App.vue 顶级组件中配置路由出口。删除 App.vue 内原有的代码，输入新的代码，具体代码如下：

```
    <template>
        <div id="app">
            <router-view />
        </div>
    </template>
```

(10) 在浏览器中测试。启动项目，在浏览器地址栏输入 http://localhost:5173/shop 并按回车键，单击"放入购物车"按钮，效果如图 10-5 所示。

第 11 章　前后端数据交互技术

前后端数据交互是指前端应用程序(通常是 Web 应用程序)与后端服务器之间进行数据传输和通信的过程。在现代 Web 开发中，有多种技术和协议用于实现前后端数据交互，本章介绍其中的一些主要技术。

11.1　前后端交互相关基础概念

1. Web 前端与后端

Web 应用程序即网站，一个完整的网站应用程序主要由客户端(Web 前端)和 Web 服务器端(Web 后端)两大部分组成。客户端是在 Web 浏览器中运行的部分，是用户看得见的界面，负责和客户交互，进行信息的呈现与提交。Web 服务器端是在服务器中运行的部分，负责处理业务逻辑，一般会涉及数据库的操作，典型的操作是对数据的增、删、改、查以及存储。Web 资源(文本、HTML、JPEG 等文件)都是存储在 Web 服务器上的。Web 服务器能够接收客户端的请求访问，并且能够对请求做出响应。

2. 前后端交互过程

客户端和服务器端之间通过请求和响应获取数据。Web 服务器使用的是 HTTP 协议，客户端向服务器发送 HTTP 请求，服务器会在 HTTP 响应中回送客户端所请求的数据。基于 HTTP 协议的客户端和服务器端的交互过程如图 11-1 所示。

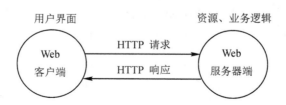

图 11-1　基于 HTTP 协议的客户端和服务器端的交互过程

3. HTTP 协议

HTTP 协议全称为超文本传输协议，它规定了如何从 Web 服务器传输超文本到客户端浏览器。HTTP 协议基于客户端服务器架构模式，是客户端和服务器端请求和应答的标准。HTTP 协议中有四个表示操作方式的动词 GET、POST、PUT、DELETE，分别对应四种基本操作：GET 用来获取资源，POST 用来新建资源(也可以用于更新资源)，PUT 用来更新资源，DELETE 用来删除资源。

4. HTTPS 协议

HTTPS 协议是基于 HTTP 和 SSL/TLS(用于加密互联网通信的协议)实现的一种协议，它可以保证在网络上传输的数据都是加密的，从而保证数据安全。

5. HTTP 报文

从客户端发往服务器的请求命令和从服务器发回客户端的响应结果，都是通过名为 HTTP 报文的格式化数据块进行传送的。从 Web 客户端发往 Web 服务器的 HTTP 报文称为请求报文，从服务器发往客户端的报文称为响应报文。

使用 Chrome 浏览器可以查看报文。例如在 Chrome 浏览器的地址栏输入如下 API 网址并按回车键：

https://apis.juhe.cn/idioms/query?wd=一心一意&key=ceb27e0f4f025f6df56f5a7214e20512

按 F12 键打开开发者调试工具 DevTools，先打开"Network"视图，然后刷新页面，在 name 列表区选择请求的网址。在右侧区域可以查看到报文，查看报文的步骤如图 11-2 所示。

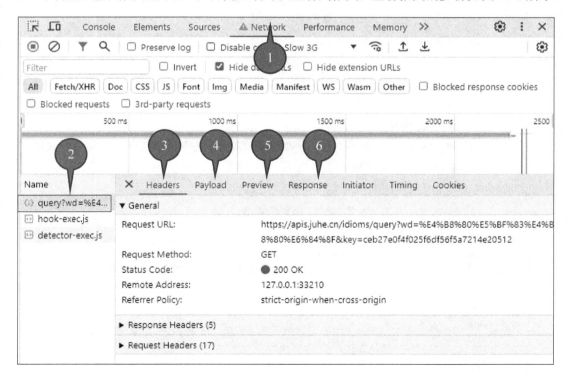

图 11-2　查看报文的步骤

6. API 接口

API(应用程序编程接口)通常使用 RESTful 规范。RESTful API 是由后端服务器实现并提供给前端来调用的一个接口。前端调用 API 来向后台发起 HTTP 请求,后端响应请求并将处理结果反馈给前端。

RESTful 是典型的基于 HTTP 的协议。如果使用 HTTP 方法(GET、POST、PUT、DELETE等)来定义对资源的操作,那么 GET 用于获取资源,POST 用于创建资源,PUT 用于更新资源,DELETE 用于删除资源。使用恰当的 HTTP 状态码可以表示请求的结果。例如,状态码 200 表示成功,状态码 404 表示资源未找到,状态码 500 表示服务器错误等。

RESTful 规范使用标准的数据格式来传输数据,如 JSON 或 XML。通常情况下,JSON 是更常见和更易于使用的格式。

11.2　API 接口文档

后端开发人员提供 API 文档(接口文档),API 文档详细描述了每个接口的地址、请求方式、请求参数、响应结果返回格式及返回参数说明等。

例如"聚合数据(https://www.juhe.cn/)"网站提供了"成语词典"免费 API,该 API 文档如下:

接口地址:http://v.juhe.cn/chengyu/query。

返回格式:json。

请求方式:http get/post。

请求示例:http://v.juhe.cn/chengyu/query?key = 您申请的 KEY& word = 查询的成语。

接口备注:根据成语查询详细信息,如详解、同义词、反义词、读音等信息。

请求参数说明如表 11-1 所示。

表 11-1　请求参数说明

名　称	是否必填	类　型	说　明
word	是	string	填写需要查询的成语,UTF8 urlencode 编码
key	是	string	在个人中心→我的数据,接口名称上方查看
dtype	否	string	返回数据的格式是 xml 或 json,默认是 json

返回参数说明如表 11-2 所示。

表 11-2　返回参数说明

名　　称	类　　型	说　　明
error_code	int	返回码
reason	string	返回说明
result	string	返回结果集
bushou	string	首字部首
head	string	成语词头
pinyin	string	拼音
chengyujs	string	成语解释
from_	stirng	成语出处
example	string	举例
yufa	string	语法
ciyujs	string	词语解释
yinzhengjs	string	引证解释
tongyi	list	同义词
fanyi	list	反义词

JSON 数据格式返回示例：

```
{
    "reason": "success",
    "result": {
        "bushou": "禾",
        "head": "积",
        "pinyin": "jī shǎo chéng duō",
        "chengyujs": " 积累少量的东西，能成为巨大的数量。",
        "from_": " 《战国策·秦策四》："积薄而为厚，聚少而为多。"《汉书·董仲舒传》："众
少成多，积小致巨。" ",
        "example": " 其实一个人做一把刀、一个勺子是有限得很，然而～，这笔账就难算了，
何况更是历年如此呢。《二十年目睹之怪现状》第二十九回",
        "yufa": " 连动式；作谓语、宾语、分句；用于事物的逐渐聚积",
        "ciyujs": "[many a little makes a mickle;from small increments comes abundance;little will
grow to much;penny and penny laid up will be many]积累少数而渐成多数",
        "yinzhengjs": "只要不断积累，就会从少变多。语出《汉书·董仲舒传》："众少成多，积
小致巨。"唐李商隐《杂纂》："积少成多。"宋苏轼《论纲梢欠折利害状》："押纲纲梢，既与客旅附载物货，
官不点检，专栏无由乞取；然梢工自须赴务量纳税钱，以防告讦，积少成多，所获未必减于今日。"清薛
```

福成《陈派拨兵船保护华民片》："惟海军船数不多，经费不裕，势难分拨，兵轮久驻海外，华民集赀，积少成多，未尝不愿供给船费。"包天笑《钏影楼回忆录·入泮》："这项赏封，不过数十文而已，然积少成多，亦可以百计。"",

```
            "tongyi": [
                    "集腋成裘",
                    "聚沙成塔",
                    "日积月累",
                    "积水成渊"
            ],
            "fanyi": [
                    "杯水车薪"
            ]
        },
        "error_code": 0
    }
```

系统级错误码说明如表 11-3 所示。

表 11-3　系统级错误码说明

错　误　码	说　　　明
10001	错误的请求 KEY
10002	该 KEY 无请求权限
10003	KEY 过期
10004	错误的 OPENID
10005	应用未审核，请求超时，请提交认证
10007	未知的请求源
10008	被禁止的 IP
10009	被禁止的 KEY
10011	当前 IP 请求超过限制
10012	请求超过次数限制
10013	测试 KEY 超过请求限制
10014	系统内部异常(调用充值类业务时，请务必联系客服或通过订单查询接口检测订单，避免造成损失)
10020	接口维护
10021	接口停用

11.3　JSON Server 服务器

在后端 API 开发完成之前，前端开发人员可能需要进行原型开发和测试，通常需要与后端 API 进行交互。JSON Server 可以快速搭建一个模拟的 RESTful API，让前端开发人员可以在没有后端支持的情况下进行开发和测试。JSON Server 基于 JSON 格式来模拟后端 API 的数据。

JSON Server 服务器使用步骤如下。

(1) JSON Server 的安装命令如下：

```
npm install -g json-server
```

(2) 创建一个 json 文件。可以在一个目录(如 data)下创建一个 json 文件，用来存储模拟的数据。可以创建一个名为 db. json 的文件，并在其中编写一些 JSON 格式的数据，例如：

```
{
  " titles": [
      { "id": 1,"title": "《春晓》" },
      {"id": 2, "title": "《静夜思》"},
  { "id": 3, "title": "《登鹳雀楼》"}
  ],
    "poems": [
    {
        "id": 1,
        "body": "春眠不觉晓，处处闻啼鸟。夜来风雨声，花落知多少。",
        "author": "孟浩然"
      },
      {
        "id": 2,
        "body": "床前明月光，疑是地上霜。举头望明月，低头思故乡。",
        "author": "李白"
      },
      {
        "id": 3,
        "body": "白日依山尽，黄河入海流。欲穷千里目，更上一层楼。",
        "author": "王之涣"
      }
  ]
```

}

　　在该 json 文件中，titles、poems 可以理解为两张数据表。

　　(3) 启动 JSON Server。在命令行中进入 json 文件所在目录，并启动 JSON Server，同时指定已创建的 json 文件，例如 db.json。

　　执行 json-server --watch db. json 命令，程序运行结果如图 11-3 所示。

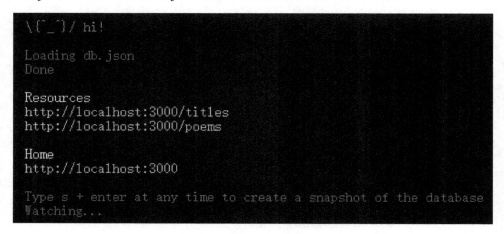

图 11-3　运行结果

　　如图 11-3 所示，表示已成功启动 JSON Server 并监听 http://localhost:3000 地址，此时可以在浏览器中访问这个地址来访问 JSON Server 模拟的 API。

　　(4) 对资源操作的 API。

　　JSON Server 会为每个资源创建一组默认的添加、读取、更新和删除操作的 API，可以通过发送不同的 HTTP 请求来进行创建、读取、更新和删除操作。https://github.com/typicode/json-server 网页上提供了 JSON Server 服务器的 API 文档。例如对资源操作的 API 文档如表 11-4 所示。

表 11-4　对资源操作的 API 文档

请求方式	接口地址	功　能
get	http://localhost:3000/ titles	获取所有的 titles 数据
get	http://localhost:3000/ titles/1	获取 id 为 1 的 title 数据
post	http://localhost:3000/ titles	创建一条新的 title 数据
put	http://localhost:3000/ titles/1	更新 id 为 1 的 title 数据
delete	http://localhost:3000/ titles/1	删除 id 为 1 的 title 数据

　　示例：在浏览器地址中访问 http://localhost:3000/titles，从浏览器地址栏发出的是 get 请求。打开开发者调试工具 DevTools，打开 "Network" 视图，在 Response 选项卡可以查看到响应报文体，即所有的 titles 数据，如图 11-4 所示。

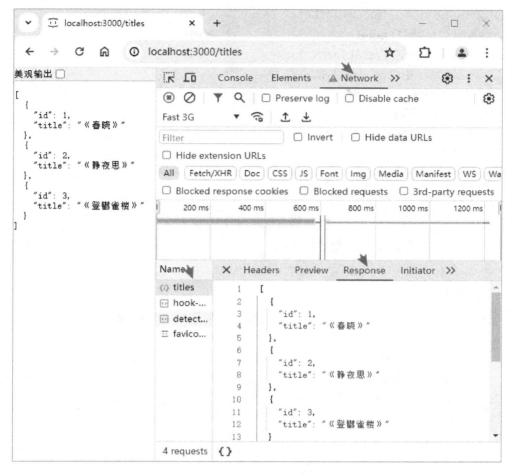

图 11-4　获取到所有的 titles 数据

这就是使用 JSON Server 创建一个简单的模拟 RESTful API 的基本步骤。可以根据需求和具体情况来扩展和定制这个模拟 API。

11.4　接口调用技术

AJAX 是最早出现的发送请求的技术，Vue2.0 之后推荐使用 Axios。

 ## 11.4.1　Axios 基本介绍

Axios 是一个基于 promise 的 HTTP 库，也是基于 promise 对 AJAX 的封装，可以工作于浏览器中，也可以在 Node.js 中使用。

Axios 有如下特性：

(1) 在浏览器中创建 XMLHttpRequests。

(2) 在 Node.js 中创建 http 请求。

(3) 支持 Promise API。

(4) 拦截请求和响应。

(5) 转换请求数据和响应数据。

(6) 取消 http 请求。

(7) 自动转换 JSON 数据。

(8) 客户端支持防御 XSRF。

 ## 11.4.2　Axios 的基本用法

1. 安装 Axios

要使用 Axios，先要引入 Axios。在无构建步骤的应用中可以使用 CDN 方式引入 Axios，代码如下：

```
<script src=" https://cdn.bootcdn.net/ajax/libs/axios/1.5.0/axios.js "></script>
```

引入 Axios 后，会暴露一个 axios 对象。如要测试是否将 Axios 引入成功，可以在控制台执行 console.log(axios)命令。如果控制台输出如下代码，则说明引入成功：

```
f wrap() {
    return fn.apply(thisArg, arguments);
}
```

在工程化的项目中如何安装 Axios，详见 11.4.8 小节。

2. 使用 Axios

在页面中引入 axios.js 后，就可以使用 axios 对象的方法和属性。

示例 11-1　使用 axios 对象的 get 方法获取后台数据，API 使用 11.3 节提供的“http://localhost: 3000/ titles”接口。

① 创建 src\components\chapter11\Demo1.html 文件，代码如下：

```
<!DOCTYPE html>
<html>
<head>
    <title>Axios 应用示例</title>
    <script src=" https://cdn.bootcdn.net/ajax/libs/axios/1.5.0/axios.js "></script>
</head>
<body>
</body>
<script>
```

```
axios.get('http://localhost:3000/titles')
.then(res=>{
    console.log(res);
        })
</script>
</html>
```

② 在 VS Code 的文件资源管理器中右击"Demo1.html"文件，在弹出的菜单中单击"Open With Live Server"选项，运行该文件。打开开发者工具中的 Console 面板，效果如图 11-5 所示。

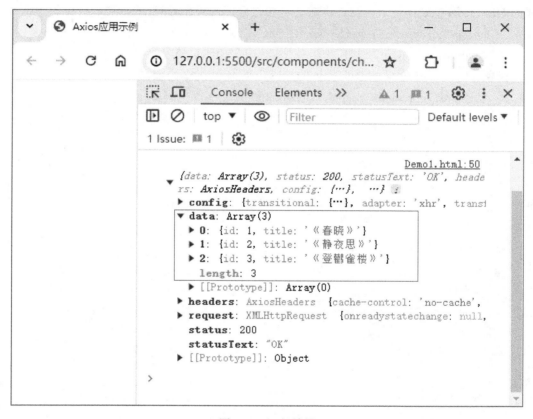

图 11-5　运行效果

该示例使用 axios 对象发起 get 请求到指定的 API 地址，并在请求成功后打印响应数据到控制台。响应数据 data 中是所有的 titles 数据。

 ## 11.4.3　Axios 的常用请求方法

请求语法：
```
axios.method(url,config)
```

其中，method 是请求方法，共有五种，即 get 方法、post 方法、put 方法、patch 方法、delete 方法；config 是配置对象，详见 11.4.6 小节。method、URL、data 不用写在配置对象中，其他配置项要写在 config 配置对象中。

1. get 方法

get 方法用于从服务器中取出满足查询条件的资源(一项或多项)，查询条件通过参数传递到服务器，传递方式有如下两种。具体用哪种方式传递，要根据服务器的支持情况选用。

1) URL 传递参数

(1) 通过传统格式的 URL 传递参数。在使用 Axios 发起 get 请求时，可以通过传统格式的 URL 传递参数。通常，这种格式是将参数直接拼接在 URL 的末尾，类似如下形式：

http://example.com/api/resource?param1=value1&param2=value2

参数 param1 和 param2 通过"?"直接被拼接在 URL 的末尾。

示例 11-2　API 使用 11.3 节提供的接口，查询 id 为 2 的数据。

① 创建 src\components\chapter11\Demo2.html 文件，代码如下：

```
<!DOCTYPE html>
<html>
<head>
    <title>Axios 应用示例</title>
    <script src=" https://cdn.bootcdn.net/ajax/libs/axios/1.5.0/axios.js "></script>
</head>
<body>
</body>
<script>
    axios.get('http://localhost:3000/titles?id=2')
    .then(res=>{
        console.log(res);
            })
    .catch(error=>{
        console.log(error);
    }
    )
</script>
</html>
```

② 在 **VS Code** 中用"**Live Server**"运行该示例，打开开发者工具中的 Console 面板，效果如图 11-6 所示。

图 11-6　运行效果

该示例使用 Axios 发起 get 请求到指定的 API 地址，并在请求成功后打印响应数据到控制台。响应数据 data 中是 id 为 2 的数据。

(2) get 方法通过 RESTful 格式的 URL 传递参数。在 RESTful 风格的 API 中，通常会使用 URL 路径来传递参数。Axios 提供了一种简单的方法来处理这种情况，可以在请求的 URL 中直接包含参数，形式示例如下：

```
//定义参数
const param1 = 'value1';
const param2 = 'value2';
//构建 URL，将参数直接拼接在 URL 中
const url = `http://example.com/api/resource/${param1}/${param2}`;
```

如此，参数 param1 和 param2 被直接拼接到了 URL 的路径中。

修改示例 11-2 的 Demo2.html 文件中发送请求的代码为：

```
axios.get('http://localhost:3000/ titles/2')
  .then(res=>{
    console.log(res);
      })
.catch(error=>{
      console.log(error);
  }
  )
```

保存该文件并运行，效果如图 11-6 所示。

2) 通过 params 选项传递参数

语法格式如下：

```
axios.get(url,{params:{…}}).then(res=>…).catch(error=>…)
```

修改示例 11-2 的 Demo2.html 文件中发送请求的代码为：

```
axios.get('http://localhost:3000/titles',{
    params:{
      id:2
    }
    })
    .then(res=>{
        console.log(res);
        })
    .catch(error=>{
        console.log(error);
    }
    )
```

保存该文件并运行，效果如图 11-6 所示。

2. post 方法

post 方法用于添加数据。添加的数据通过参数传递到服务器，在服务器上新建一个资源。默认传递的是 JSON 格式的数据。post 方法的语法格式如下：

```
axios.post(url,{数据}).then(res=>{…}).catch(error=>{…})
```

示例 11-3   API 使用 11.3 节提供的接口，添加一条记录到 poems 中。

① 创建 src\components\chapter11\Demo3.html 文件，代码如下：

```
<!DOCTYPE html>
<html>
<head>
    <title>Axios 应用示例</title>
    <script src=" https://cdn.bootcdn.net/ajax/libs/axios/1.5.0/axios.js "></script>
</head>
<body>
</body>
<script>
axios.post('http://localhost:3000/poems',{
    body:'poem 4',
    author:'Linda'
    })
```

```
.then(res=>{
    console.log(res);
})
.catch(error=>{
    console.log(error);
})
</script>
</html>
```

② 在 VS Code 中用"Live Server"运行该示例，打开 db.json 文件，此时可以查看到 poems 中添加了这一条数据。

3．put 方法

当使用 put 方法时，客户端发送的数据将完全替换目标资源的所有内容。客户端发送的数据通常是完整的资源对象，数据通过参数传递到服务器，参数传递方式与 post 方法类似。

示例 11-4　API 使用 11.3 节提供的接口，修改 poems 中 id 为 4 的数据，body 的值修改为'new poem 4', author 的值修改为"David"。

① 创建 src\components\chapter11\Demo4.html 文件，代码如下：

```
<!DOCTYPE html>
<html>
<head>
    <title>Axios 应用示例</title>
    <script src=" https://cdn.bootcdn.net/ajax/libs/axios/1.5.0/axios.js "></script>
</head>
<body>
</body>
<script>
axios.put('http://localhost:3000/poems/4',{
    body:'new poem 4',
    author: "David"
    })
.then(res=>{
    console.log(res);
})
.catch(error=>{
    console.log(error);
})
</script>
</html>
```

② 在 VS Code 中用"Live Server"运行该示例，打开 db.json 文件，此时可以查看到

poems 中 id 为 3 的数据，body 的值已被修改为' new peom 4'，author 的值被修改为 "David"。

4. patch 方法

patch 方法用于部分更新资源。与 put 方法不同，使用 patch 方法时，客户端发送的数据只会更新目标资源的部分内容，而不会替换全部内容。客户端发送的数据通常是部分字段的更新，只包含需要更新的字段及其对应的新值，数据通过参数传递到服务器，参数传递方式与 post 方法类似。

示例 11-5　API 使用 11.3 节提供的接口，修改 poems 中 id 为 4 的数据，把 body 的值修改为' new poem'。

① 创建 src\components\chapter11\Demo5.html 文件，代码如下：

```
<!DOCTYPE html>
<html>
<head>
    <title>Axios 应用示例</title>
    <script src=" https://cdn.bootcdn.net/ajax/libs/axios/1.5.0/axios.js "></script>
</head>
<body>
</body>
<script>
axios.put('http://localhost:3000/poems/4',{
    body:'new poem',
    })
    .then(res=>{
        console.log(res);
    })
    .catch(error=>{
        console.log(error);
    })
</script>
</html>
```

② 在 VS Code 中用 "Live Server" 运行该示例。打开 db.json 文件，此时可以查看到 poems 中 id 为 4 的数据，body 的值已被修改为'new poem'，其他属性的值不变。

5. delete 方法

delete 方法用于删除数据。删除条件通过参数传递到服务器，参数传递方式与 get 方法类似。

示例 11-6　API 使用 11.3 节提供的接口，删除 poems 中 id 为 4 的数据。

① 创建 src\components\chapter11\Demo6.html 文件，代码如下：

```
<!DOCTYPE html>
<html>
```

```
<head>
    <title>Axios 应用示例</title>
    <script src=" https://cdn.bootcdn.net/ajax/libs/axios/1.5.0/axios.js "></script>
</head>
<body>
</body>
<script>
axios.delete('http://localhost:3000/poems/4')
    .then(res=>{
        console.log(res);
    })
    .catch(error=>{
        console.log(error);
    })
</script>
</html>
```

② 在 VS Code 中用"Live Server"运行该示例，打开 db.json 文件，此时可以查看到 poems 中 id 为 3 的数据被删除。

 ## 11.4.4　Axios 的响应结果

Axios 发出 HTTP 请求，请求的响应结果是一个对象，该对象通常包含以下信息。

data：服务器返回的数据。

headers：响应头信息。

status：HTTP 状态码。

statusText：响应状态信息。

config：生成请求的配置信息。

request：生成请求的原始 XMLHttpRequest 对象或 Node.js 的 http.ClientRequest 对象。

使用 Axios 发送一个请求后，可以通过.then()方法中的参数 res 来接收这个响应结果对象。例如，使用 Axios 发送一个 get 请求后，可以通过.then()方法中的参数 res 来访问响应对象，请求代码如下：

```
axios.get('http://localhost:3000/titles')
    .then(res=>{
        console.log(res);
    })
```

在浏览器中运行程序，会在控制台输出请求响应结果对象，如图 11-7 所示。

```
▼ Object i
  ▶ config: {transitional: {…}, adapter: 'xhr', transformRequest: Array(1),
  ▶ data: (3) [{…}, {…}, {…}]
  ▶ headers: AxiosHeaders {cache-control: 'no-cache', content-length: '134',
  ▶ request: XMLHttpRequest {onreadystatechange: null, readyState: 4, timeout
    status: 200
    statusText: "OK"
  ▶ [[Prototype]]: Object
```

图 11-7　请求响应结果对象

11.4.5　配置 Axios 全局默认值

在使用 Axios 时，可以通过配置全局默认值来简化代码，提高效率。例如，可以设置基础 URL 或默认的请求头，这样在每个请求中就不需要重复配置这些选项，从而减少冗余代码。

(1) 默认请求 URL：

　　axios.defaults.baseURL='请求 url'

(2) 默认请求超时时长：

　　axios.defaults.timeout=1000;

11.4.6　Axios 的配置对象 config

可以通过将相关配置传递给 Axios 来进行请求，语法如下：

　　axios(config)

其中，配置对象 config 用于指定 HTTP 请求的各种参数和选项，它是一个 JavaScript 对象。如下是一些常见的配置选项。

method：请求方法，例如 get、post、put 等。

url：请求的 URL。

params：请求参数，用于 get 请求。

data：请求体数据，用于 post、put 等带有请求体的请求。

headers：请求头信息。

timeout：请求超时时间，单位为毫秒。

例如，示例 11-2 的请求代码可以用如下代码替代：

```
axios({
    method:'get',
    url:'/ titles',
    baseURL: 'http://localhost:3000',
    params:{id:2 }
```

```
        })
        .then(res=>{
            console.log(res);
        })
        .catch(error=>{
            console.log(error);
        })
```

又如，示例 11-3 的请求代码可以用如下代码替代：

```
    axios({
        method:'post',
        url:'/poems',
        baseURL: 'http://localhost:3000',
        data:{
          body:'poems 4',
          author:'David'
          }
        })
        .then(res=>{
            console.log(res);
        })
        .catch(error=>{
            console.log(error);
        })
```

 ## 11.4.7　Axios 拦截器

Axios 提供了拦截器(interceptors)，可以在请求或响应被发送或接收之前进行拦截和转换。

1. 请求拦截器

请求拦截器是 Axios 提供的一种机制，允许在发送请求之前对请求进行全局性的预处理或修改。这对于添加公共的请求头、设置认证信息、在发送请求前进行验证等操作非常有用。

可以使用 axios.interceptors.request.use 方法添加一个请求拦截器，示例代码如下：

```
    axios.interceptors.request.use(function (config) {
        //在发送请求之前做些什么
        config.timeout=2000;
        return config;
    }, function (error) {
```

```
//对请求错误做些什么
return Promise.reject(error);
});
```

请求拦截器接收两个函数作为参数，函数会在发送请求之前执行。在第一个函数中，可以对请求配置对象 config 进行修改，然后返回修改后的配置对象。在第二个函数中，可以对请求错误进行处理。

2. 响应拦截器

响应拦截器用于在接收到响应之后，对响应数据进行处理或者进行其他操作。响应拦截器用于全局处理响应错误、统一处理响应数据格式等。可以通过 axios. interceptors. response.use 方法添加一个响应拦截器，示例代码如下：

```
axios.interceptors.response.use(function (response) {
    //对响应数据进行处理
    console.log('响应拦截器被触发');
    return response;
}, function (error) {
    //对响应错误进行处理
    console.error('响应拦截器捕获到错误:', error);
    return Promise.reject(error);
});
```

响应拦截器接收两个函数作为参数，第一个函数参数用于处理成功的响应，第二个函数参数用于处理错误的响应。

11.4.8　在工程化项目中使用 Axios

1. 安装 Axios

在命令工具行，切换到项目目录下，输入如下命令：

```
npm install axios
```

按回车键后安装 Axios，安装完成后打开项目目录下的 package.json 文件，可以看到 Axios 信息：

```
"dependencies": {
"axios": "^1.6.7",
…
}
```

2. 导入 Axios

在需要使用 Axios 的地方，需要先导入才能使用它。导入 Axios 的命令如下：

```
import axios from 'axios'
```

11.5　工程化项目的前后端数据交互案例

11.5.1　案例介绍

本案例项目是借助"聚合数据 https://www.juhe.cn/"提供的成语大全免费 API(开发文档网址：https://www.juhe.cn/docs/api/id/157)开发的一个实现成语查询功能的小应用，示例效果如图 11-8 所示，输入成语后单击"查询"按钮，就能显示该成语的基本释义、近义词和反义词。

图 11-8　示例效果

本案例使用了"聚合数据 https://www.juhe.cn/"提供的成语大全免费 API，因此先要登录"聚合数据"网站进行注册、实名认证，然后就可以申请使用成语大全的 API。

11.5.2　案例实现步骤

1. 创建项目

创建 cyapp(项目名称)项目。打开命令行工具，进入想要创建项目的目录下，输入：

```
npm create vue@latest
```

按回车键创建项目(详细创建过程、项目安装及启动可参见 6.3 节)。

2. 安装、配置 Axios

① 在项目中安装 Axios。

在该项目的目录下，执行如下安装命令：

```
npm install axios
```

② 在 vue.config.js 文件中配置跨域代理。

由于浏览器的同源策略(协议、域名(IP)、端口相同即为同源，其中有一个不同就会产生跨域)限制，直接访问不同域名下的资源可能会遇到跨域问题。通过配置代理，可以将请求转发到目标服务器，实现跨域资源的访问。

如果服务器已经实现了跨域，浏览器会允许跨域请求，前端代码就可以直接访问到服务器的资源，而不会受到同源策略的限制。

"聚合数据 https://www.juhe.cn/" 提供的免费 API，在服务器端没有实现跨域，需要在前端配置代理。在项目根目录下的 vite.config.js 文件中配置代理，代码如下：

```
…
export default defineConfig({
  server:{
    proxy:{
        '/api':{
          target: "https://apis.juhe.cn/idioms/query",        //接口地址
        changeOrigin: true,
        rewrite: (path)=>path.replace(/^\/api/,'')
      }
    }
  },
  …
})
```

3. 新建单个文件组件

先删除 Vue 默认示例的组件(view 文件夹和 components 文件夹下的.vue 文件)，接着创建项目的单文件组件。该项目只需要一个组件，在 view 文件夹新建 chengyu.vue 组件。

4. 配置路由

在 router 目录下的 index.js 文件中配置路由。删除 Vue 默认示例项目的路由配置，配置本案例的路由。index.js 文件中的代码如下：

```
  import { createRouter, createWebHistory } from 'vue-router'
const router = createRouter({
  history: createWebHistory(import.meta.env.BASE_URL),
  routes: [
    {
      path: '/',
      name: 'home',
      component: () => import('../views/chengyu.vue')
    }
  ]
})
export default router
```

5. 在 App.vue 组件中配置路由出口

配置代码如下：

```
<template>
  <div id="app">
    <router-view/>
  </div>
</template>
```

6. 启动项目

在命令工具行执行 npm run dev 命令，启动项目。

7. 实现成语查询功能

在单个文件组件 chengyu.vue 中，实现成语查询功能的步骤如下：

(1) 界面实现。该组件的结构代码如下：

```
<template>
  <div>
    <h2>成语查询</h2>
      <input type="text" v-model="chyu">
      <input type="button" @click="caxun()" value='查询'/> <br/>
    <div id="show">
    成语解释：{{cysj.jbsy}} <br/>
    近义词：{{cysj.jyc}} <br/>
    反义词：{{cysj.fyc}} <br/>
    </div>
  </div>
</template>
<style scoped>
    div {
    text-align: left;
    }
</style>
```

(2) 定义数据。成语的信息来源于后台的 API 接口，通过 Axios 的方式来请求接口，拿到数据后在页面上进行展示。

在<script setup>标签对中定义一个对象 cysj，用来存放后台返回的成语解释、近义词、反义词数据，再定义一个变量 chyu 接收文本框中的数据，并导入 Axios。

```
import { ref } from 'vue'
import axios from 'axios'
 const cysj=ref( {jbsy: "",jyc: "", fyc: "" })
const chyu=ref(")
```

(3) 查询功能的实现。在文本框中输入成语，单击查询按钮，就能显示该成语的相关信息。因此要给查询按钮绑定“click”事件@click = "caxun()"，在<script setup>标签对中定义该事件的处理函数 caxun，代码如下：

```
const  caxun=()=>{
    axios
    .get(`/api?wd=${chyu.value}&key=ceb27e0f4f025f6df56f5a7214e20512`)
    .then((res) => {
      console.log(res.data);
      cysj.value={...res.data.result}
      console.log(cysj.value);
    })
   .catch((error) => {
     console.error('Error:', error);
    });
  }
```

代码中调用 Axios 的 get 方法获取后台数据。根据成语词典的 API 开发文档，get 方法使用传统格式的 URL 传递参数。URL 中的“/api”是在 vite.config.js 文件中配置的跨域代理，用'/api'代替 target 中的地址；target 值是成语词典的接口地址；URL 中后面两个参数详见开发文档。如果能成功发出请求，返回结果将在 then 方法中被接收到，控制台则会输出返回结果中的数据(res.data)。

打开浏览器，在地址栏输入 http://localhost:5173/并按回车键，在文本框中输入“五谷丰登”，然后单击“查询”按钮。打开开发者工具，在控制台显示响应结果对象中的 data 对象，如图 11-9 所示。

```
▼ {reason: 'success!', result: {…}, error_code: 0} i
    error_code: 0
    reason: "success!"
  ▼ result:
      chuchu: "《六韬·龙韬》：“战胜于外；功立于内；百姓欢悦；将无咎殃。是故风雨
    ▶ fyc: (2) ['颗粒无收', '凶年饥岁']
    ▶ jbsy: ['五谷丰收。泛指粮食丰收。登：庄稼成熟。']
    ▶ jyc: (5) ['风调雨顺', '年年有余', '五谷丰熟', '年谷顺成', '六畜兴旺']
      liju: "辛辛苦苦耕作一年的农民，最大的愿望就是～。"
      name: "五谷丰登"
      pinyin: "wǔ gǔ fēng dēng"
    ▶ xxsy: (4) ['【解释】：登：成熟。指年成好，粮食丰收。', '【出自】：《六韬·
    ▶ [[Prototype]]: Object
  ▶ [[Prototype]]: Object
```

图 11-9 响应结果对象中的 data 对象

查看成语词典的 API 开发文档中的返回参数说明。data 对象中的属性 reason 是返回说明，此案例中 reason 的值是“success”，说明查询成功；属性 error_coder 是返回码，此案例中 error_code 的值是“0”，说明查询没有异常，成功查询到该成语；属性 result 是返回结果集。

返回结果集 result 中的 jbsy 属性是成语基本释义，jyc 属性是近义词，fyc 属性是反义词，这三个属性值是需要显示在页面上的。语句 cysj.value = {...res.data.result}，通过解构赋值，把这三个属性值赋值给 cysj 对象中对应的属性。

第 12 章　基于 Vue+Vant 移动端的项目开发实践

前面章节已经介绍了 Vue 的多种功能，本章应用 Vue 开发项目实践，结合移动端 Vue 组件库 Vant 开发一个移动端应用。Vant 是轻量、可定制的移动端 Vue 组件库。

12.1　项目介绍

本项目是借助于"聚合数据 https://www.juhe.cn/"和"天聚数行 https://www.tianapi.com/"提供的免费 API，开发一个移动端的生活服务类 APP。该 APP 包括老黄历查询、二十四节气查询、中药大全查询、今日国内油价查询这四个模块。其功能结构如图 12-1 所示。

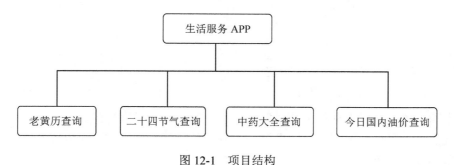

图 12-1　项目结构

项目界面效果及功能介绍如下：

1. 老黄历查询

老黄历查询界面如图 12-2 所示。

老黄历查询界面分上下两个区域,上面区域显示日历,下面区域显示黄历详细信息;在日历区域单击选择要查看的日期,下面显示区域就会显示所选日期的黄历信息。

2. 二十四节气查询

二十四节气查询界面如图 12-3 所示。

图 12-2　老黄历查询界面

图 12-3　二十四节气查询界面

二十四节气查询界面分上下两个区域,上面区域是查询操作区域,下面区域显示查询到的节气信息;在查询操作区域选择年份和节气,即可查询到该年该节气的信息。

3. 中药大全查询

中药大全查询界面如图 12-4 所示。

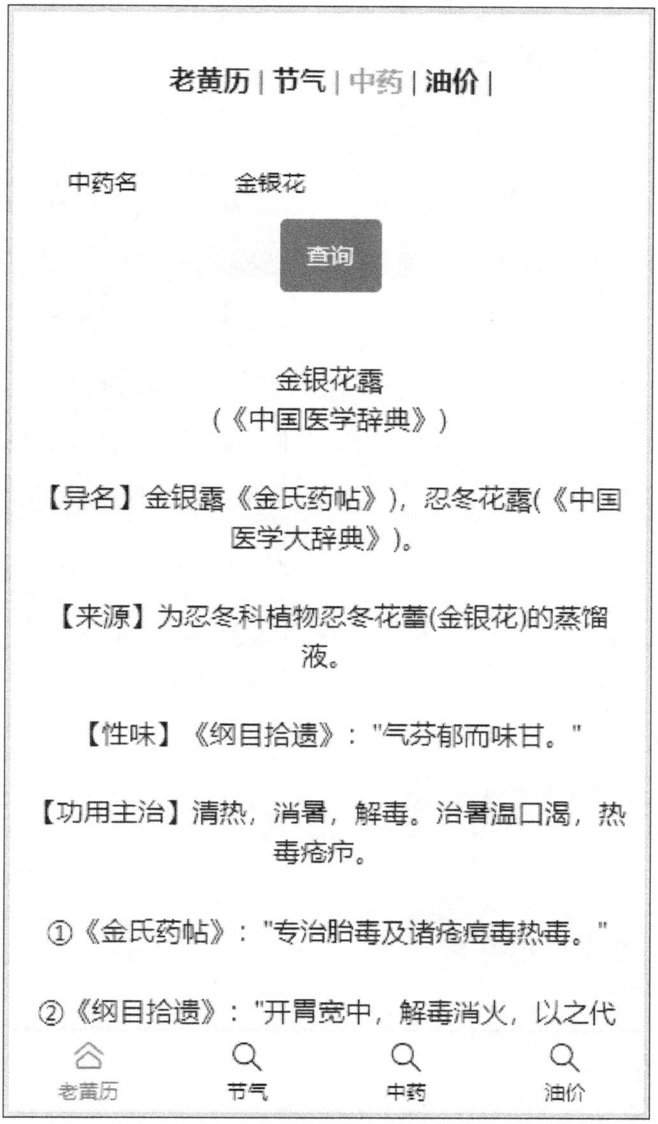

图 12-4　中药大全查询界面

　　中药大全查询界面分上下两个区域，上面区域是查询操作区域，下面区域显示查询到的中药信息；在查询操作区域输入中药名，单击查询按钮即可查询到该中药的信息。

4．今日国内油价查询

　　今日国内油价查询界面如图 12-5、图 12-6 所示。

　　今日国内油价查询界面分上下两个区域，上面区域进行查询操作，下面区域显示油价信息。油价可以按地区查询，可查询到所选地区的各种油号的价格，如图 12-5 所示；也可以按油号来查询，查询同一种油号在全国各地的价格，如图 12-6 所示。

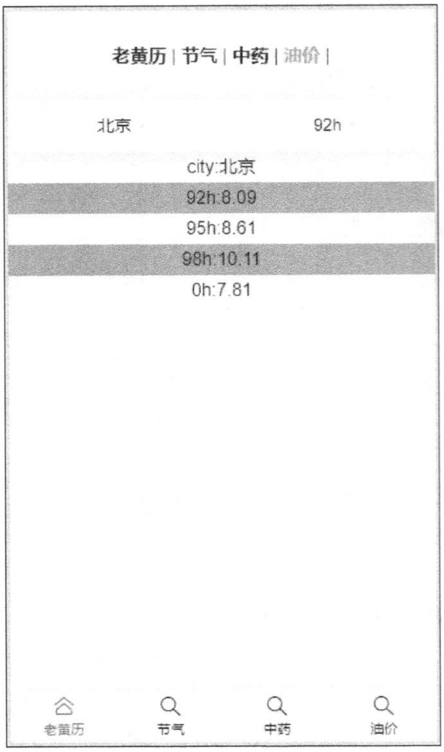

图 12-5　今日油价按地区查询界面 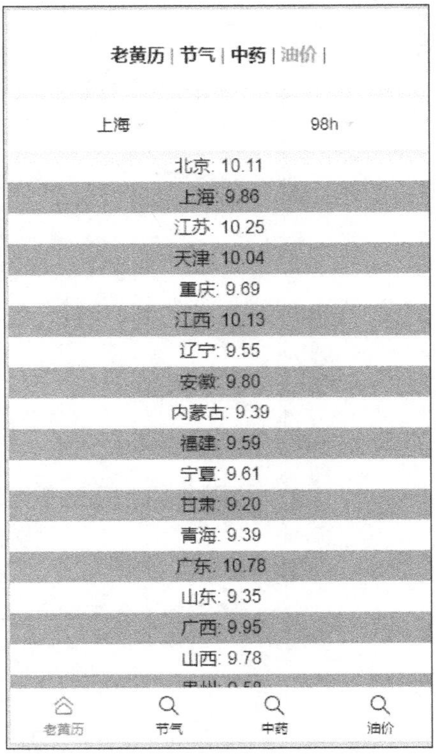　　　　图 12-6　今日油价按油号查询界面

12.2　技术方案

一个完整的项目分为前端和后端两部分。

1．前端技术方案

(1) 使用 Vue 作为前端开发框架。

(2) 使用 Vite 作为构建工具。

(3) 使用 Vant 提供的移动端组件库。

(4) 使用 Less 作为 CSS 预处理器。

(5) 使用 Axios 作为 HTTP 库和后端 API 交互。

(6) 使用 Vue Router 实现前端路由。

2．后端技术方案

后端使用"聚合数据 https://www.juhe.cn/"和"天聚数行 https://www.tianapi.com/"提

供的免费 API 进行数据交互，通过 Axios 请求 API 服务器获得数据。

要使用“聚合数据 https://www.juhe.cn/”和“天聚数行 https://www.tianapi.com/”提供的免费 API，先要登录“聚合数据”“天聚数行”网站进行注册、实名认证，然后就可以申请使用免费的 API，每个 API 都有详细的 API 文档。

本项目需要申请老黄历、二十四节气、中药大全、今日国内油价查询四个免费 API。接口文档网址如表 12-1 所示。

表 12-1　接口文档网址

接 口 名 称	接口文档网址
老黄历	https://www.juhe.cn/docs/api/id/65
二十四节气	https://www.tianapi.com/apiview/86
中药大全	https://www.tianapi.com/apiview/135
今日国内油价查询	https://www.juhe.cn/docs/api/id/540

图 12-7 所示的是“二十四节气”API 文档的部分截图。

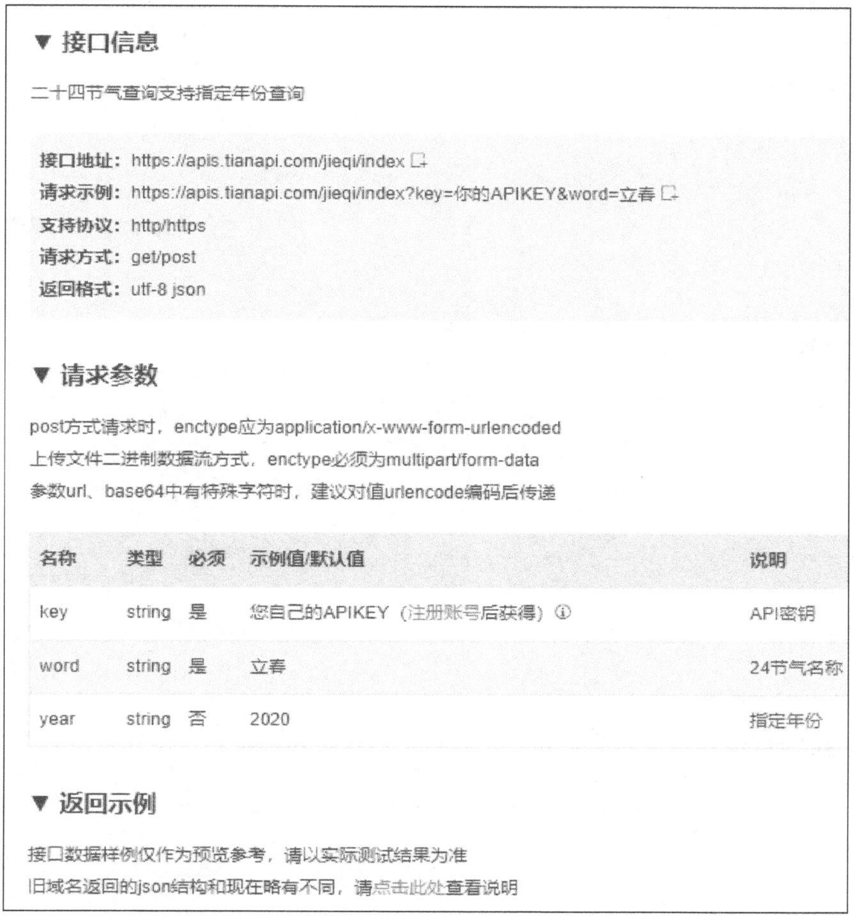

▼ 接口信息

二十四节气查询支持指定年份查询

接口地址：https://apis.tianapi.com/jieqi/index

请求示例：https://apis.tianapi.com/jieqi/index?key=你的APIKEY&word=立春

支持协议：http/https

请求方式：get/post

返回格式：utf-8 json

▼ 请求参数

post方式请求时，enctype应为application/x-www-form-urlencoded

上传文件二进制数据流方式，enctype必须为multipart/form-data

参数url、base64中有特殊字符时，建议对值urlencode编码后传递

名称	类型	必须	示例值/默认值	说明
key	string	是	您自己的APIKEY（注册账号后获得）	API密钥
word	string	是	立春	24节气名称
year	string	否	2020	指定年份

▼ 返回示例

接口数据样例仅作为预览参考，请以实际测试结果为准

旧域名返回的json结构和现在略有不同，请点击此处查看说明

图 12-7　“二十四节气”API 文档部分截图

图 12-8 所示的是"今日国内油价"API 文档的部分截图。

国内油价查询

接口地址: http://apis.juhe.cn/gnyj/query

请求方式: http get/post

返回类型: json

接口描述: 今日国内油价查询，部分省份可能不支持，请根据返回实际数据为准

接口调试: API测试工具

请求Header:

名称	值
Content-Type	application/x-www-form-urlencoded

请求参数说明:

名称	必填	类型	说明
key	是	string	在个人中心->我的数据,接口名称上方查看

返回参数说明:

名称	类型	说明
error_code	int	返回码
reason	string	返回说明
result	string	返回结果集

JSON返回示例:　　　　　　　　　　　　　　　　　　　　JSON在线

图 12-8　"今日国内油价"API 文档部分截图

12.3　创建项目并搭建 Vant 移动端的开发环境

1. 创建项目

创建 mApp(项目名称)项目，打开命令行工具，进入想要创建项目的目录下。输入 npm create vue@latest 并按回车键创建项目(详细创建过程见第 6.3 节)。

2. 在 mAPP 项目中安装 Vant

安装命令如下：

```
npm i vant
```

3. 引入 Vant 组件

这里介绍自动按需引入组件的方式，这种方式也是 Vant 官方推荐的方式。

在基于 Vite 的项目中使用 Vant 时，可以使用 unplugin-vue-components 插件，它可以自动引入组件。Vant 官方基于 unplugin-vue-components 提供了自动导入样式的解析器 @vant/auto-import-resolver，两者可以配合使用，自动按需引入组件的步骤如下。

(1) 安装插件。安装命令如下：

```
npm i @vant/auto-import-resolver unplugin-vue-components -D
```

(2) 配置插件。基于 Vite 的项目，在 vite.config.js 文件中配置插件，代码如下：

```
…
import vue from '@vitejs/plugin-vue'
import Components from 'unplugin-vue-components/vite';
import { VantResolver } from '@vant/auto-import-resolver';
export default defineConfig({
  plugins: [
    vue(),
    Components({
      resolvers: [VantResolver()],
    }),
  ],
  …
})
```

4. 浏览器适配

浏览器适配有如下两种布局适配：

(1) Viewport 布局适配。Vant 默认使用 px 作为样式单位，如果需要使用 viewport 单位 (vw，vh，vmin，vmax)，推荐使用 postcss-px-to-viewport-8-plugin 插件进行转换。postcss-px-to-viewport-8-plugin 是一款 PostCSS 插件，用于将 px 单位转化为 vw/vh 单位。

先运行 npm i postcss-px-to-viewport-8-plugin -D 安装该插件，接着在项目的根目录下创建配置文件 postcss.config.js。在该配置文件中进行配置，代码如下：

```
export default {
    plugins: {
        'postcss-px-to-viewport-8-plugin': {
            viewportWidth: 375,
        },
    },
};
```

(2) Rem 布局适配。如果需要使用 rem 单位进行适配，推荐使用以下两个插件：postcss-pxtorem 插件是一款 PostCSS 插件，用于将 px 单位转化为 rem 单位；lib-flexible 插件用于设置 rem 基准值。

运行 pm i postcss-pxtorem　lib-flexible -D 命令安装这两个插件，然后在 postcss.config.js 配置文件中进行配置，配置代码如下：

```
'postcss-pxtorem': {
        rootValue: 37.5,
        propList: ['*'],
    }
```

5. 安装 Less 相关的开发依赖

安装命令如下：

```
npm I less-loader less -D
```

至此，就可以使用 Vant 组件开发移动端的应用了。Vant 组件的使用，可前往 https://vant-ui.github.io/vant/#/zh-CN/网站查看开发指南。

12.4　安装配置 Axios

1. 在项目中安装引入 Axios

在命令工具行，切换到项目的目录下，执行如下安装命令：

```
npm install axios
```

在使用 Axios 时，需要引入 Axios，代码如下：

```
//引入 Axios
import axios from 'Axios'
```

2. 在 vite.config.js 配置跨域代理

"聚合数据 https://www.juhe.cn/"提供的免费 API，服务器端没有实现跨域，需要在前端配置代理。

在项目根目录下的 vite.config.js 文件中配置代理，代码如下：

```
…
export default defineConfig({
  plugins: [
    …
  ],
  server:{
    proxy: {
      //老黄历后端服务器地址
      '/api0': {
        target: "http://v.juhe.cn/laohuangli/d",
        changeOrigin: true,
        rewrite: (path)=>path.replace(/^\/api0/,'')       //用'/api0'代替 target 里面的地址
      },
      //今日国内油价后端服务器地址
      '/api1': {
        target: "http://apis.juhe.cn/gnyj/query",
        changeOrigin: true,
        rewrite: (path)=>path.replace(/^\/api1/,'')
      }
    }
  },
  …
})
```

12.5　项目的目录及文件结构

创建项目时目录结构已创建好，本项目较为简单，不需要新建目录。本项目有四个模块内容，每个模块分别用不同的单文件组件实现，在 views 文件夹下创建这四个单文件组件分别为 lhl.vue(老黄历查询)、jq.vue(二十四节气查询)、zy.vue(中药大全查询)、yj.vue(今

日国内油价查询)，在 components 目录下创建导航栏组件 tabbar.vue。目录及文件结构如图 12-9 所示。

```
∨ MAPP
  > .vscode
  > node_modules
  > public
  ∨ src
    > assets
    > components
    ∨ router
      JS index.js
    ∨ views
      ▼ jq.vue
      ▼ lhl.vue
      ▼ yj.vue
      ▼ zy.vue
    ▼ App.vue
    JS main.js
  ◆ .gitignore
  <> index.html
  {} jsconfig.json
  {} package.json
  ① README.md
  JS vite.config.js
```

图 12-9　目录及文件结构

12.6　配置路由

项目的四个组件交给路由导航，设计路由与组件对应关系如表 12-2 所示。

表 12-2　路由与组件对应关系

名　称	路　由	组　件
老黄历	/lhl	lhl.vue
二十四节气查询	/jq	jq.vue
中药大全查询	/zy	zy.vue
今日国内油价查询	/yj	yj.vue

在 router 目录下的 index.js 文件中配置路由。删除 Vue 默认示例项目的路由配置，配置本案例的路由，index.js 文件中的代码如下：

```
import { createRouter, createWebHistory } from 'vue-router'

import lhl from "../views/lhl.vue"

const router = createRouter({

  history: createWebHistory(import.meta.env.BASE_URL),

  routes: [

    {

      path: '/',

      redirect:'/lhl'

    },

    {

      path: '/lhl',

      name: 'lhl',

      component: lhl

},

{

      path: '/jq',

      name: 'jq',

      component: () => import('../views/jq.vue')

    },

    {

      path: '/zy',

      name: 'zy',

      component: () => import('../views/zy.vue')

    },

    {

      path: '/yj',
```

```
        name: 'yj',
        component: () => import('../views/yj.vue')
    }
  ]
})
export default router
```

12.7　各模块功能的实现

12.7.1　老黄历查询功能的实现

用单文件组件 lhl.vue 来实现老黄历查询功能。

1. 界面设计与实现

如图 12-2 所示的老黄历界面分上下两个区域，上面区域显示日历，下面区域显示黄历详细信息。

日历用 Vant 提供"Calendar 日历"组件，使用平铺展示的效果；黄历信息显示用 Vant 提供的"Layout 布局"组件来布局，设置为 4 行 2 列，标题用"Tag 标记"组件。因为项目已配置了自动导入 Vant 组件，在 lhl.vue 单个文件组件中就可以直接使用 Vant 组件。

lhl.vue 单文件组件的结构代码如下：

```
<template>
 <div>
   <van-calendar
    title="老黄历"
    :poppable="false"
    :show-confirm="false"
    :row-height="40"
    :style="{ height: '330px' }"
    @select="sayday"
   />
   <div id="lhl">
    <van-row gutter="10" class="rowstyle">
     <van-col span="12">
       <van-tag plain type="primary">阴历</van-tag>
```

```
         {{wl.yinli}}
       </van-col>
       <van-col span="12">
        <van-tag plain type="danger">冲煞</van-tag>
        {{wl.chongsha}}
       </van-col>
      </van-row>
      <van-row gutter="10" class="rowstyle">
       <van-col span="12">
        <van-tag plain type="success">宜</van-tag>
        {{wl.yi}}
       </van-col>
       <van-col span="12">
        <van-tag plain type="danger">忌</van-tag>
        {{wl.ji}}
       </van-col>
      </van-row>
      <van-row gutter="10" class="rowstyle">
       <van-col span="12">
        <van-tag plain type="primary">5 行</van-tag>
        {{wl.wuxing}}
       </van-col>
       <van-col span="12">
        <van-tag plain type="danger">彭祖百忌</van-tag>
        {{wl.baiji}}
       </van-col>
      </van-row>
      <van-row gutter="10" class="rowstyle">
       <van-col span="12">
        <van-tag plain type="success">吉神宜趋</van-tag>
        {{wl.jishen}}
       </van-col>
       <van-col span="12">
        <van-tag plain type="danger">凶神宜忌</van-tag>
        {{wl.xiongshen}}
       </van-col>
      </van-row>
     </div>
   </div>
```

```
</template>
```

lhl.vue 单文件组件的样式代码如下：

```less
<style lang="less" scoped>
#lhl {
  text-align: left;
  font-size: 14px;
  padding: 10px;
  .rowstyle {
    margin: 5px 0;
    border-bottom: dotted 1px blue;
  }
}
</style>
```

2. 定义数据

老黄历信息来源于后台的 API 接口，通过 Axios 的方式来请求接口，得到数据后在页面上展示。

老黄历 API 文档中说明了请求参数 date 的日期格式示例：2014-09-11。为了方便把日历组件返回的日期数据转换成老黄历 API 文档中要求的日期格式,可安装一个 JavaScript 日期处理类库 moment。安装 moment 的命令如下：

```
npm install moment
```

在<script setup>标签对中，定义一个对象 wl，用来存放后台返回的数据，代码如下：

```js
import { ref } from 'vue'
import moment from "moment";
const wl=ref({ })
```

3. 实现界面初始显示当日的老黄历信息

在<script setup>标签对中，初始化数据，代码如下：

```js
import axios from 'axios'
let dd = moment(new Date()).format("YYYY-MM-DD");
axios.get(`/api0?date=${dd}&key=0de334a9703744bffcd590a6697ad8d7`).then(res => {
    console.log(res.data.result);
    wl.value = res.data.result;
});
```

4. 老黄历查询功能的实现

在日历区域单击选择要查看的日期，在下面的显示区域就会显示所选日期的黄历信息。给日历控件绑定"select"事件@select = "sayday"，在<script setup>标签对中定义事件处理函数 sayday，代码如下：

```
const sayday=(value)=>{
    console.log(value);
    console.log(moment(value).format("YYYY-MM-DD"));
    var dd = moment(value).format("YYYY-MM-DD");
    axios.get(`/api0?date=${dd}&key=0de334a9703744bffcd590a6697ad8d7`).then(res => {
        console.log(res.data.result);
        wl.value = res.data.result;
    });
}
```

12.7.2　二十四节气查询功能的实现

用单个文件组件 jq.vue 来实现二十四节气查询功能。

1. 界面设计与实现

如图 12-3 所示的二十四节气查询界面分上下两个区域，上面区域是年份下拉菜单和节气名称下拉菜单，下面区域显示该年该节气的详细信息。年份和节气名称的下拉菜单用 Vant提供的 "DropdownMenu 下拉菜单" 组件；用 h4 标签显示节气名标题，用 p 标题显示节气日期信息；节气的介绍、习俗、宜忌等比较长的信息内容用 Vant 提供的 "TextEllipsis 文本省略" 组件显示；各项信息之间用 Vant 提供的 "Divider 分割线" 组件来分开。jq.vue 单个文件组件的结构代码如下：

```
<template>
  <div>
  <van-dropdown-menu>
    <van-dropdown-item
      v-model="value1"
      :options="yearArray"
      @change="chjq"
    />
    <van-dropdown-item
      v-model="value2"
      :options="jqs"
      @change="chjq"
    />
  </van-dropdown-menu>
  <h4>{{jqlist.name}}</h4>
<van-divider
```

```
    :style="{ color: '#1989fa', borderColor: '#1989fa', padding: '0 16px' }"
  >
</van-divider>
<p>公历日期：{{jqlist.date.gregdate}}</p>
<p>农历日期：{{jqlist.date.lunardate}}</p>
<p>农历生肖：{{jqlist.date.cnzodiac}}</p>
<p>日期范围：{{jqlist.day}}</p>
<van-divider
    :style="{ color: '#1989fa', borderColor: '#1989fa', padding: '0 16px' }"
  >
  原因
</van-divider>
<van-text-ellipsis
  rows="3"
  :content="jqlist.yuanyin"
  expand-text="展开"
  collapse-text="收起"
/>
<van-divider
    :style="{ color: '#1989fa', borderColor: '#1989fa', padding: '0 16px' }"
  >
  介绍
</van-divider>
<van-text-ellipsis
  rows="3"
  :content="jqlist.jieshao"
  expand-text="展开"
  collapse-text="收起"
/>
<van-divider
    :style="{ color: '#1989fa', borderColor: '#1989fa', padding: '0 16px' }"
  >
  美食
</van-divider>
<van-text-ellipsis
  rows="3"
  :content="jqlist.meishi"
```

```
    expand-text="展开"
    collapse-text="收起"
/>
<van-divider
    :style="{ color: '#1989fa', borderColor: '#1989fa', padding: '0 16px' }"
>
  诗句
</van-divider>
<van-text-ellipsis
    rows="3"
    :content="jqlist.shiju"
    expand-text="展开"
    collapse-text="收起"
/>
<van-divider
    :style="{ color: '#1989fa', borderColor: '#1989fa', padding: '0 16px' }"
>
  习俗
</van-divider>
<van-text-ellipsis
    rows="3"
    :content="jqlist.xishu"
    expand-text="展开"
    collapse-text="收起"
/>
<van-divider
    :style="{ color: '#1989fa', borderColor: '#1989fa', padding: '0 16px' }"
>
  宜忌
</van-divider>
<van-text-ellipsis
    rows="3"
    :content="jqlist.yiji"
    expand-text="展开"
    collapse-text="收起"
/>
  </div>
```

```
</template>
```

2. 定义数据

油价信息来源于后台的 API 接口，通过 Axios 的方式来请求接口，得到数据后在页面上展示。

定义数组 yearArray 用来存放年份的选项数据，并生成当前年的前后十年的年份；定义数组 jqs 用来存放节气名下拉菜单的选项数据；定义数组 jqlist 用来存放后台返回的数据；定义对象 value1 用来存放所选的年份；定义 value2 用来存放所选择的节气名。在<script setup>标签对中定义数据，代码如下：

```
import { ref,onBeforeMount} from 'vue'
  import axios from 'axios'
  const yearArray = ref([]);                          //定义存放年份的数组
  var currentYear = new Date().getFullYear();         //获取当前年份
  //循环生成当前年前后 10 年的年份
  for (var i = currentYear - 10; i <= currentYear + 10; i++) {
      //创建对象
      var yearObject = {
          text: i.toString(),
          value: i.toString()
      };
      //将对象添加到数组中
      yearArray.value.push(yearObject);
  }
  const jqs=ref([
    {text:'立春',value:'立春'},
    {text:'雨水',value:'雨水'},
    {text:'惊蛰',value:'惊蛰'},
    {text:'春分',value:'春分'},
    {text:'清明',value:'清明'},
    {text:'谷雨',value:'谷雨'},
    {text:'立夏',value:'立夏'},
    {text:'小满',value:'小满'},
    {text:'芒种',value:'芒种'},
    {text:'夏至',value:'夏至'},
    {text:'小暑',value:'小暑'},
    {text:'大暑',value:'大暑'},
    {text:'立秋',value:'立秋'},
```

```
                {text:'处暑',value:'处暑'},
                {text:'白露',value:'白露'},
                {text:'秋分',value:'秋分'},
                {text:'寒露',value:'寒露'},
                {text:'霜降',value:'霜降'},
                {text:'立冬',value:'立冬'},
                {text:'小雪',value:'小雪'},
                {text:'大雪',value:'大雪'},
                {text:'冬至',value:'冬至'},
                {text:'小寒',value:'小寒'},
                {text:'大寒',value:'大寒'}])
        const value1=ref('2024')
        const value2=ref('立春')
        const jqlist=ref({})
```

3. 实现从服务端请求到节气的数据的功能

代码如下：

```
        const chjq=()=>{
            axios.get(`https://apis.tianapi.com/jieqi/index?year=${value1.value}&word=${value2.value}&ke
        y=70031504484f50746bec1d039657b7ea`)
            .then(res => {
              console.log(res);
              jqlist.value = res.data.result;
            });
        }
```

4. 实现界面初始数据的显示

在组件生命周期 onBeforeMount 钩子里调用 chjq 函数，获取到 2024 年的立春节气的数据作为界面上显示的初始数据，代码如下：

```
        onBeforeMount(() => {
            chjq()
        })
```

5. 查询功能的实现

给用于选择年份的 van-dropdown-item 组件绑定 change 事件@change = "chjq()"，给用于选择节气名称的 van-dropdown-item 组件绑定 change 事件@change = "chjq()"，事件处理函数 chjq 在\<script setup\>标签对中定义。

12.7.3　中药查询功能的实现

用单个文件组件 zy.vue 来实现中药查询功能。

1. 界面设计与实现

如图 12-4 所示的中药查询界面分上下两个区域，上面区域是查询操作区域，下面区域显示中药的详细信息。用于录入中药名的文本框使用 Vant 提供的"Field 输入框"组件，查询按钮使用 Vant 提供的"Button 按钮"，用"p 标签"显示中药的详细信息。

zy.vue 单个文件组件的结构代码如下：

```
<template>
  <div id="zy">
  <van-cell-group inset>
    <van-field v-model="yname" label="中药名" placeholder="请输入中药名" />
  </van-cell-group>
  <van-button type="primary" @click="chy">查询</van-button>
    <p v-html="zy.content" style="padding: 10px; line-height: 24px;"></p>
  </div>
</template>
```

2. 定义数据

中药信息来源于后台的 API 接口，通过 Axios 的方式来请求接口，得到数据后在页面上展示。

定义 yname 用来存放中药名，定义对象 zy 用来存放后台返回的中药数据，在<script setup>标签对中定义数据，代码如下：

```
import { ref } from 'vue'
import axios from 'axios'
const yname=ref('')
const zy=ref({})
```

3. 中药查询功能的实现

给查询按钮 van-button 组件绑定 click 事件@click = "chy"，在<script setup>标签对中定义事件处理函数 chy，代码如下：

```
const chy=()=>{
    console.log(yname.value);
    axios.get(`https://apis.tianapi.com/zhongyao/index?key=70031504484f50746bec1d039657b7ea&word=${yname.value}`)
    .then(res => {
```

```
        zy.value=res.data.result.list[0]
        console.log(zy.value);


    });
    }
```

 ## 12.7.4　今日国内油价查询功能的实现

用单个文件组件 yj.vue 来实现今日油价查询功能。

1. 界面设计与实现

今日国内油价查询界面如图 12-5 所示，界面分上下两个区域，上面区域是地区下拉菜单和油号下拉菜单，下面区域显示油价详细信息。地区和油号的下拉菜单使用 Vant 提供的"DropdownMenu 下拉菜单"组件，油价信息使用 ul 列表显示。

yj.vue 单个文件组件的结构代码如下：

```
<template>
 <div id="yj">
  <van-dropdown-menu>
   <van-dropdown-item
    v-model="value1"
    :options="area"
    @change="charea()"
   />
   <van-dropdown-item
    v-model="value2"
    :options="yh"
    @change="chyh()"
   />
  </van-dropdown-menu>
  <div>
   <ul v-if="flag">
    <li v-for="(item, index) in showyh" :key="index">
     {{item.city}}: {{item.yj}}
    </li>
   </ul>
   <ul v-else>
    <li v-for="(value, name) in showyj" :key="name">
     {{ name }}:{{ value }}
```

```
            </li>
          </ul>
        </div>
      </div>
    </template>
```

yj.vue 单个文件组件的样式代码如下：

```
    <style lang="less" scoped>
    li {
      line-height: 28px;
      font-size: 16px;
    }
    li:nth-of-type(2n) {
      background-color: darkseagreen;
    }
    </style>
```

2. 定义数据

油价信息来源于后台的 API 接口，通过 Axios 的方式来请求接口，得到数据后在页面上展示。

定义数组 area 用来存放地区下拉菜单的选项数据；定义数组 yh 用来存放油号下拉菜单的选项数据；定义数组 yjlist 用来存放后台返回的数据；定义对象 showyj 用来存放地区的油价信息；定义数组 showyh 用来存放同一种油号在全国各地的价格。在<script setup>标签对中定义数据，代码如下：

```
    import { ref } from 'vue'
    import axios from 'axios'
    const value1=ref(0)
    const value2=ref("92h")
    const area=ref([])
    const yh=ref([
        { text: "92h", value: "92h" },
        { text: "95h", value: "95h" },
        { text: "98h", value: "98h" },
        { text: "0h", value: "0h" }
      ])
    const yjlist=ref([])       //所有油价信息
    const showyj=ref({})       //地区的油价
    const showyh=ref([])       //一种油号在所有地区的价格
    const flag=ref(false)
```

3．实现界面初始数据的显示

在<script setup>标签对中，初始化 yjlist、area、showyj 数据，代码如下：

```
axios.get("/api1?key=ad8bff1d1c80eed5fd09b2279f258460")
    .then(res => {
      yjlist.value = res.data.result;
      var item = { text: "", value: "" };
      for (var i = 0; i < yjlist.value.length; i++) {
        item.text = yjlist.value[i].city;
        item.value = i;
        area.value.push(item);
        item = { text: "", value: "" };
      }
      showyj.value = yjlist.value[0];
    });
```

4．油价查询功能的实现

选择地区可查询到所选地区的各种油号的价格，选择油号可查询到同一种油号在全国各地的价格。给地区 van-dropdown-item 组件绑定 change 事件@change = "charea()"，给油号 van-dropdown-item 组件绑定 change 事件@change = "chyh()"。在<script setup>标签对中定义事件处理函数 charea、chyh，代码如下：

```
const charea=()=>{
    console.log(value1.value);
    showyj.value = yjlist.value[value1.value];
    flag.value = false;
}
const chyh=()=>{
    console.log(value2.value);
    var item = { city: "", yj: "" };
    for (var i = 0; i < yjlist.value.length; i++) {
      console.log(yjlist.value[i][value2.value]);
      console.log(yjlist.value[i]["city"]);
      item.city = yjlist.value[i]["city"];
      item.yj = yjlist.value[i][value2.value];
      showyh.value.push(item);
      item = { city: "", yj: "" };
      flag.value = true;
    }
}
```

12.7.5　导航栏的实现

用单文件组件 tabbar.vue 来实现导航功能。用 Vant 提供的"Tabbar 标签栏"来实现导航栏。

tabbar.vue 单个文件组件的结构代码如下:

```
<template>
  <div>
  <van-tabbar route>
  <van-tabbar-item replace to="/lhl" icon="home-o">
     老黄历
  </van-tabbar-item>
  <van-tabbar-item replace to="/jq" icon="search">
     节气
  </van-tabbar-item>
  <van-tabbar-item replace to="/zy" icon="search">
     中药
  </van-tabbar-item>
  <van-tabbar-item replace to="/yj" icon="search">
     油价
  </van-tabbar-item>
  </van-tabbar>
  </div>
</template>
```

van-tabbar 组件中配置了 route 路由属性,van-tabbar-item 组件中配置了 replace 和 to 属性。其中,to 的属性值是路由路径,因此导航栏可以实现路由导航功能。

 12.7.6　配置 App.vue

该项目显示的每个页面顶部、底部都有导航。顶部导航使用<router-link>实现,底部导航栏在单个文件组件 tabbar.vue 中实现。

App.vue 文件中代码如下:

```
<script setup>
import { RouterView } from "vue-router"
import tabbar from "./components/tabbar.vue"        //引入组件
</script>
<template>
```

```
<div id="app">
  <div id="nav">
    <router-link to="/">老黄历</router-link> |
    <router-link to="/jq">节气</router-link> |
    <router-link to="/zy">中药</router-link> |
    <router-link to="/yj">油价</router-link>
  </div>
  <router-view/>
  <tabbar/><!-- 导航栏组件 -->
</div>
</template>
<style lang="less">
#app {
  font-family: Avenir, Helvetica, Arial, sans-serif;
  -webkit-font-smoothing: antialiased;
  -moz-osx-font-smoothing: grayscale;
  text-align: center;
  color: #2c3e50;
}
#nav {
  padding: 30px;
  font-size: 16px;
  a {
    font-weight: bold;
    color: #2c3e50;
    &.router-link-exact-active {
      color: #42b983;
    }
  }
}
</style>
```

12.8　在浏览器中测试项目

打开浏览器，在地址栏输入 http://localhost:5173 并按回车键。出现如图 12-2 所示的界面。(注：如果没有启动项目，则先运行 npm run dev 指令启动项目。)

12.9　项目打包

Vue 脚手架提供了一个命令 npm run build 用于打包项目，成功执行 npm run build 命令后，项目文件夹下会多出一个 dist 文件夹，该文件夹的内容如图 12-10 所示。

图 12-10　dist 文件夹的内容

dist 文件夹下的 index.html 文件不能直接用浏览器打开运行，打包后的文件需要部署到 Web 服务器上才能正常运行。